李华金 编著

科技探索·奥秘生命

Keji
Tansuo
Aomi shengming

人是怎么来的

Renshi
Zenme laide

中国出版集团
现代出版社

图书在版编目（CIP）数据

人是怎么来的 / 李华金编著 . —北京：
现代出版社，2012.12（2024.1）
ISBN 978 - 7 - 5143 - 0780 - 1

Ⅰ.①人… Ⅱ.①李… Ⅲ.①人类起源 – 青年读物
②人类起源 – 少年读物 Ⅳ.① Q981.1 – 49

中国版本图书馆 CIP 数据核字（2012）第 285344 号

人是怎么来的

编　　著	李华金
责任编辑	杨学庆
出版发行	现代出版社
地　　址	北京市安定门外安华里 504 号
邮政编码	100011
电　　话	010 - 64267325　010 - 64245264（兼传真）
网　　址	www. 1980xd. com
电子信箱	xiandai@ vip. sina. com
印　　刷	三河市人民印务有限公司
开　　本	710mm × 1000mm　1/16
印　　张	14.5
版　　次	2012 年 12 月第 1 版　2024 年 1 月第 9 次印刷
书　　号	ISBN 978 - 7 - 5143 - 0780 - 1
定　　价	59.80 元

人从哪里来？——人类的起源问题，是本世纪以来颇具争论性和现实感的一个话题。抖落岁月的风尘，走近世界考古，这个大约自人类诞生之日起就萦绕在人类心头的疑团，正被考古工作者逐渐解开。

无论在东方或西方，无论是希腊人、埃及人、巴比伦人，或是中美洲的土著人以及亚洲的印度人、中国人，各种人类古老文化中都有解释自身起源的故事。这些故事无一例外地将人类的起源归于神的力量。归纳各种神话，人类的起源可以分为"呼唤而出"、"原本存在"、"植物变的"、"动物变的"和"泥土造的"五种，但神话毕竟是神话，并没有实际的科学证据来支持。

随着越来越多的旧石器时代的燧石工具、古人类的骨骼化石以及遍布各大洲的史前岩画的陆续发现，人们的疑惑也越来越大。于是，人们开始探索远古的过去。1859年，英国生物学家查理·罗伯特·达尔文的著名《物种起源》终于石破天惊地出版了。他以科学的考察为基础，提出了"进化论"的观点。宣称人是由古猿进化而来。他让当时的人们接受了世界和人类具有悠久历史的观点。从而将人类的认知水平提升到一个全新的阶段。达尔文开创了一门科学，其深远意义超出当时人类的想象。

自从达尔文创立生物进化论后，多数人相信人类是生物进化的产物，现代人和现代猿有着共同的祖先。但人类这一支系是何时、何地从共同祖先这一总干上分离开来的？什么是其分离开的标志？原始人类又是何时、何地转化为真人的？……

对于这一系列的疑问，古人类学家一直在努力寻找正确的回答。多数古人类学家认为，真人是以制造工具为标志，真人出现以前的人类祖先，科学家们称之为"前人"。直立是前人从人猿共祖主干上分离的形态学标志，从主干分离的地区可谓人类最早的摇篮。真人不断演化发展，最后成为现代人，同时形成现代不同的人种，这个进化过程完成的地区便是人类演化最后的摇篮。

　　在探索人类起源时首先要确立一个前提，即人类是一个生物物种，他们只能有一个祖先，不可能有多个祖先。不能说黑人有一个祖先，而白人又有另一个祖先。因为不同的物种之间虽能婚配，却不能生育后代，只有同种能育。如果我们主张人类多祖论，就会在生物学上犯常识性的错误，现在已证实了人类多祖或多元论是违背科学常理的。

　　人类从人猿主干上分离，究竟发生在哪一地区？是在非洲，还是在亚洲或欧洲？至今为止，人们还没有统一的定论。对此要取得一致的认识仍需科学工作者们的不懈努力。

CONTENTS

生命的家园

REN SHI ZENME LAIDE

　　人类栖息在这个地球上已有千百万年的光景，那么地球是怎样诞生的呢？地球上的生命是怎样从无到有的呢？我们将从地球诞生以来，引入地质年代的概念，从最早登陆的无脊椎动物说起，再到脊椎动物的先驱——两栖动物如何进化出爬行动物，直至迎接另一个时代——哺乳时代，也是人类的始祖灵长类形成与发展的时代，这么一个漫长的时期值得我们细细阐述，共同探讨生命的起源与进化。

地球的诞生

　　人类的出现并非横空出世，也不是早有预谋。大自然给所有物种提供了平等的机会，人类的出现只不过是源于一个个不可预知的偶然。这一切，与地球以及早期生命的变化有着不可分割的关系。

　　现在我们已经十分清楚地知道，在我们生活繁衍的这颗美丽的蓝色星球上，有广阔的平原、浩瀚的海洋，有起伏的丘陵、川流不息的江河，有炎炎的热带雨林、寒彻的北极与南极。春夏秋冬，冷暖更迭，似乎已经是我们这个世界的全部。太阳的东起西落，星空的流光月华，也好像是从来就有的地球舞台上不变的背景。

美丽的蓝色星球——我们的家园

　　我们所栖息了千百万年的地球是一个椭圆形的巨大球体，通过赤道的地球直径是 12 682.2 千米，通过南、北两极的地球直径是 12 639.7 千米。地球的体积约为 10 800 亿立方千米，其质量则是 498 300 亿亿吨。地球的表面积约是 5.1 亿平方千米，其中：陆地为 1.5 亿平方千米，占 29%；海洋为 3.6 亿平方千米，占 71%。如果仅仅了解到这些数字，我们只能由衷地感叹这颗星球的无边无际，感叹造物主的博大无涯。

　　遗憾的是，近代天文学的成就又告诉我们，地球只是太阳系中的一个普通成员，在环绕太阳运转的八大行星中，论个头大小它只能位居第五。八大行星中，体积最大的是木星，它的赤道半径是地球的 11 倍，体积是地球的 1316 倍，质量是地球的 300 多倍。除八大行星外，太阳系中还有 6000 多颗小行星在绕太阳运转，有 66 颗天然卫星在绕不同的行星运转。当然，在太阳系中，太阳的独尊地位是无与伦比的。它是太阳系的中心，以自己巨大的质量吸引着其他成员围绕自己有规则地旋转。它的体积是地球的 130 万倍，是八大行星体积总和的 590 倍。它的质量是地球的 33.2 万倍，是八大行星质量总和的 745 倍，占整个太阳系质量总和的 99.8%。

八大行星

基本小知识

　　八大行星特指太阳系八大行星，从离太阳的距离由小到大依次为水星、金星、地球、火星、木星、土星、天王星、海王星。1930 年由美国天文学家汤博发现的冥王星曾被认为是大行星，但随着一颗比冥王星更大、更远的天体的发现，2006 年 8 月 24 日召开的国际天文学联合会第 26 届大会将其定义为矮行星。

生命的家园

　　近代天文学又告诉我们，偌大一个太阳只是银河系中一颗普通的恒星。银河系的直径约为 8 万光年，中间部分厚度约为 1 万光年，太阳只是银河系中 1000 多亿颗恒星中的一员。它距银河系的中心约 3.3 万光年，位于银河系的边缘地带，以每秒 250 千米的速度绕银河系中心运动，一个周期需 2.5 亿年。毫不夸张地说，我们的太阳系在银河系中可谓沧海一粟。

　　但实际上，宇宙远不止这么大，天文学家们不断地发现银河系以外的河外星系，每个河外星系都是由数十亿至数千亿颗恒星、星云和星际物质组成，其直径短者数千光年，长者数十万光年。目前，我们已发现约 10 亿个河外星系，其中著名的仙女座星系、猎犬座星系、大麦哲伦星系、小麦哲伦星系、室女座星系等等都是其中的成员。到目前为止，天文学家所能观察到的空间已达到 120 亿光年，这是一个什么概念呢？光以每秒 30 万千米的速度从地球到月球只需 1 秒钟，从地球到太阳也只需 8 分钟，因此 120 亿光年可以看作是一个无穷大的空间，但这还不是宇宙的全部。我们也无法由此出发，去认识与把握我们的宇宙有多大；我们应回过头来，到宇宙的起源处，去探求它的来龙去脉。

　　大地从何而来，星空从何而来，一直是我们人类魂牵梦萦的话题。每个民族的创世神话几乎都是从此讲起。希伯来人认为，世界与人类都是造物主耶和华的杰作。中国上古神话中，也有开天辟地的盘古，等等。直到 18 世纪牛顿力学产生以后，人们才开始了科学的宇宙起源探索。

据现有的证据显示：150 亿～200 亿年前，宇宙起源于高温高密状态下的原始火球。在能量、基本粒子的相互作用下，原始火球发生爆炸。宇宙的早期温度极高，估计在 100 亿摄氏度以上，物质的密度也非常大。在大爆炸后，宇宙迅速不断地膨胀，温度随即开始下降，当温度下降到 10 亿摄氏度左右时，中子开始失去自由存在的条件，它要么发生衰变，要么与质子结合成重氢、氦等元素，化学元素就是从这一时期开始形成的。温度进一步下降到 100 万摄氏度后，早期形成化学元素的过程结束。当温度下降到几千摄氏度时，辐射开始减退，宇宙间主要是气态物质，气体逐渐凝聚成气云，再进一步形成各种各样的恒星体系，这就是我们今天所看到的宇宙。

人类所处的银河系是一个相当古老的星系，据说就形成于宇宙大爆炸时期，至今已有 145 亿岁高龄。它包括 1000 亿～2000 亿颗恒星和大量的星团、星云，还有各种类型的星际气体和星际尘埃，总质量是太阳质量的 1400 亿倍。

在银河系里，大多数的恒星集中在一个扁球状的空间范围内，扁球的形状好像铁饼。扁球体中间突出的部分叫"核球"，半径约为 7000 光年。核球的中部叫"银核"，四周叫"银盘"。在银盘外面有一个更大的球形，那里星少、密度小，称为"银晕"，直径为 7 万光年。银河系是一个漩涡星系，具有漩涡结构，有一个银心和两个旋臂，旋臂相距 4500 光年。其各部分的旋转速度和周期，因距银心的远近而不同。太阳距银心约 2.3 万光年，以 250 千米/秒的速度绕银心运转，运转的周期约为 2.5 亿年。

趣味点击　质量越大的恒星为何寿命越短？

质量越大的恒星，寿命越短暂，主要是因为质量越大的恒星核心的压力也越高，造成燃烧氢的速度也越快。许多大质量的恒星平均只有一百万年的寿命，但质量最轻的恒星（红矮星）以很慢的速率燃烧它们的燃料，寿命至少有一兆年。

大约 46 亿年前，银河系的某个角落发生了超新星爆炸。这次爆炸的震波在星际云中传送，导致不均匀更为严重。因为重力的影响，星际云便朝着密度较浓的部分收缩，开始在中心形成原始太阳。太阳与太阳系中的八大行星，几乎在同一时期从星际云中诞生。

原始太阳周围的气体往太阳上掉落，距离较远的气体则开始绕着太阳旋转，形成圆盘状旋转着的原始太阳系星云。沉积于圆盘赤道面的微尘层后来发生分裂，形成无数颗微行星。这些微行星借着彼此的重力不断碰撞、合并，而逐渐成长。

就在太阳附近星云弥漫、微行星乱撞的环境里，大大小小的星云团与微行星集聚成一个球体，形成我们地球的原始形态——原地球。原地球在刚形成时，温度比较低，并无分层结构，后来由于陨石等物质的轰击、放射性衰变致热和原始地球的重力收缩，原地球的温度逐渐升高，最后成为黏稠的熔融状态。在炽热的火球旋转和重力作用下，地球内部的物质开始分异，较重的物质渐渐地聚集到地球的中心部位，形成地核；较轻的物质则悬浮于地球的表层，形成地壳；介于两者之间的物质则构成了地幔。这样就具备了所谓的层圈结构。原始地壳比较薄弱，而地球内部温度又很高，因此火山频繁活动，从火山口喷出的许多气体构成了原始的大气层。地球内部温度的升高，使内部结晶水汽化。随

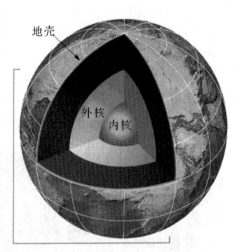

地壳

外核　内核

地球结构

着地表温度的逐渐下降，气态水凝结、积聚，最终形成洪水一般的降雨，重新落到地面。这种情况持续了很长一段时间。大量的降水终于在地面上形成水圈。

这时地球的大气层里还没有氧气，而是由二氧化碳、一氧化碳、甲烷和氨等气体和水蒸气组成，科学家称其为还原大气。还原性大气在闪电、紫外线、冲击波、射线等能源下，形成了一个个有机小分子化合物，或直接落入原始海洋，或经由湖泊、河流汇集到原始海洋。矿物黏土把这些生物小分子吸附到自己周围，在铜、锌、钠、镁等金属离子催化下，许多氨基酸分子脱去水分子连接在一起，形成更为复杂的蛋白质分子。许多核苷酸分子也在黏土的作用下脱去水分子而连接成核酸分子。在海洋中层长期积累、相互作用，

生命的家园

进一步缩合成结构原始、功能不专一的蛋白质、核酸等生物大分子。生物大分子继续在原始海洋中积累，浓度不断增加，凝聚成小滴状，形成多分子体系。在一定的进化概率和适宜的环境条件下，再经过长期不断进化，大约在35亿年前地球上终于出现了具有新陈代谢和自我繁殖能力的原始生命体。这段时间，大约延续到距今30亿年。

最早的原始生命体结构很简单，一个细胞就是一个个体，细胞里没有细胞核，靠细胞表面直接吸收周围环境中的养料来维持生活，被称作原核生物。当时，它们的生活环境是缺乏氧气的，但它们的生命活动却可以产生并释放氧气。随着原核生物的大量繁殖，被释放的氧气越来越多，地球的含氧量也渐渐增高。从20多亿年前开始，不仅水中氧气含量已经很多，而且大气中氧气的含量也已经不少。

经过15亿多年的演变，大约在20亿年前，原核生物原来均匀分散在细胞里面的核物质相对地集中以后，外面包裹了一层核膜。细胞的核膜把膜内的核物质与膜外的细胞质分开，形成了细胞核，成为了真核生物。

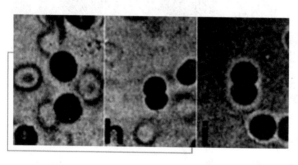

34亿年前的古细胞化石

从此以后，细胞在繁殖分裂时不再是简单的细胞质一分为二，而且里面的细胞核也要一分为二。

性别的出现是生物界演化过程中的又一个重大事件。这种新的繁殖方式促进了生物的优生，加速推动生物向更复杂的方向发展。因此，真核的单细胞生物出现以后，经过几亿年的时间出现了真核多细胞生物。真核多细胞生物出现没有多久就出现了生物体的分工，一些真核多细胞生物体中的一部分细胞主要是起着固定植物体的功能，成了固着的器官，也就是现代藻类植物固着器。植物诞生了这些以后，器官分化开始出现，不同功能部分其内部细胞的形态也开始分化。

地球上的生命，就这样从无到有，拉开了"物竞天择，适者生存"的序幕。

生命的初始

为了便于讨论地球上生命的产生发展，我们引入了地质史上的时间坐标，将自地球诞生以来的所有年代都定格其中。

地球地质时代坐标表

宙	代	纪	世	距今最远年代
太古宙 45 亿—25 亿年	太古代			45 亿年
元古宙 25 亿—6 亿年	元古代			25 亿年
				10 亿年
显生宙	古生代	寒武纪		6 亿年
		奥陶纪		5 亿年
		志留纪		4.4 亿年
		泥盆纪		4 亿年
		石炭纪		3.5 亿年
		二叠纪		2.7 亿年
	中生代	三叠纪		2.25 亿年
		侏罗纪		1.8 亿年
		白垩纪		1.35 亿年
	新生代	第三纪	古新世	0.7 亿年
			始新世	0.6 亿年
			渐新世	0.4 亿年
			中新世	0.25 亿年
			上新世	0.12 亿年
		第四纪	更新世	0.03 亿年
			全新世	0.001 亿年

从这个地质时代坐标表中我们可以看出，我们对自身家园的了解是一个

生命的家园

不断细化的过程。其实，这与生命起源与进化的趋势也是一致的。在地球出现以来漫长的 45 亿年中，前 5 亿年是地球的形成期，在此期间实现了地核与地幔的分异，形成了原始地壳；自第 40 亿年前开始，便步入了生命的孕育阶段。

　　依照通行的观点，最初的生命只是单细胞的生命，其表现形式是能与外界进行物质交换、能够进行新陈代谢与自身复制的多种微生物。至目前为止，已发现的最早的微生物化石已有 35 亿年之久，在南非的翁维瓦特群、无花果树群和澳大利亚的瓦拉伍那群、阿倍克斯玄武岩组的燧石层中，都发现了 35 亿年的丝状微生物化石。有的学者通过对格陵兰岛距今 38 亿年的沉积变质岩的研究提出，38 亿年前就出现了微生物的活动。这样，自原始地壳形成到生命的萌生只余下 2 亿年的时光，而且这 2 亿年中地壳仍处在剧烈的动荡与变化之中，空中强烈的紫外辐射加上仍然有较高温度的地表，使当时地球的自然环境异常恶劣，就连当时刚刚形成的海洋，也因其水温之高，被地质学家们称为"热海"。在这种情况下，生命之由来便成为扑朔迷离的问题。

古海洋生物

　　关于生命的由来，从神学家、哲学家到古生物学家都从各自不同的角度进行着自己的探索。《圣经》中提出所有的生命都是上帝在伊甸园中的杰作。19 世纪，又流行生命自生说，也就是说生命可以在无生命的物质中直接产生。20 世纪以来，生命的外来说颇有影响，这一说法认为地球生命来自于外太空间，是星际生命形态传播的结果。当然，最能被学术界认可的还是生命进化说，这是自达尔文以来被不断发展与完善的生命起源论。

　　依照生命进化说，生命是由非生命形态中逐步进化而来，在距今 38 亿年以前的地球史上，进行的是从无机物到有机物的化学进化，地球形成过程中，构成生物的基本元素碳、氢、氧、氮、硫、磷、铁、镁的演化也在同时进行，而原始地球上独特的大气、辐射等环境又进而促成了有机分子的生成。1952年，美国科学家米勒成功地进行了有机分子生成的实验室模拟，他模拟原始地球的大气成分，将甲烷、氨气、水蒸气和氢使用弧光灯照射，通过一周的火花放电，合成了11种氨基酸，其中有4种存在于天然蛋白质中。此后，科学家们又陆续进行了不同环境与条件下的类似实验，成功地合成了氧化物、甲醛等多种非生物有机物。这些都证明了原始地球上曾经发生的从无机分子到有机分子的化学进化过程。当然，我们并不否认，星际有机分子也可能会通过种种途径比如彗星进入地球，参与地球早期的化学进化。

问题的关键是这些有机化学物质如何进化为生物物质的。到目前为止，关于有机化学物质如何进化为生物物质虽然没有定论，但其转化的场所已被学界公认，这就是原始海洋；也就是说，生命源于浩瀚的海洋。以此为基点，比较有代表性的学说有三大流派：一派是"温汤说"。此说认为生命形成于浅海海域的温水池中，这一区域富含有机质，在气压、温度以及闪电辐射作用下，形成了孕育生命的"原始汤"。一派是"泥土说"。法国古生物学家诺埃尔·德·罗斯内即认为，生命不是像人们长

拓展阅读

哈雷彗星

哈雷彗星是最著名的短周期彗星，每隔75或76年就能从地球上看见，哈雷彗星是唯一能用裸眼直接从地球看见的短周期彗星，也是人一生中唯一可能以裸眼看见两次的彗星。这颗彗星的周期最早是英国人爱德蒙·哈雷测量出来的，因此这颗彗星就以他为名。哈雷彗星上一次回归是在1986年，而下一次回归将在2061年中。

期以为的那样出现在海洋里，而是很可能出现在一些环礁湖和沼泽里。这些地方白天炎热干燥，夜里寒冷潮湿，也就是干涸之后重新水合。在这类环境里有石英和泥土，长长的分子链陷于其中并彼此组合。最近一些能够模拟水塘干涸的实验证实了这一点：有了泥土，这些了不起的"基质物"就自发地组合成小的核酸链，即脱氧核糖核酸（DNA）——未来遗传信息的支柱——的简化形式。第三派是"海底高温说"。20世纪70年代末，美国伍兹霍海洋研究所的考察潜艇发现了太平洋东部洋脊上水热喷口这一特殊生态系统。在水深$2000 \sim 3000$米、压力$265 \times 10^5 \sim 300 \times 10^5 P$的喷口附近，水温最高达$350℃$。这里不但有各种化能自养的极端嗜热的古细菌生存，而且喷出的水中

有 CH_4、CN 等有机分子，表明此处可能有非生物的有机合成。一些学者认为这种特殊的水热环境和特殊的生态系统，提供了地球早期化学进化和生命起源的自然模型。

生命诞生了，但最初的生命只是非常弱小的微生物。它们在环境恶劣、动荡不宁的地球上开始了生命的进化。经过 10 多亿年的历程，到元古宙时代，出现了蓝菌的迅速扩张，它们普遍分布于浅海陆缘地带的水中，成为当时地球上主要的生物类群。这一时期所留下的叠层石也成为元古宙碳酸盐岩中的一大壮观。正因为如此，地质学家们往往把这一时期称为"蓝菌时代"。

蓝藻模型

不要轻视蓝菌这种单细胞的藻类，其存续的时代之久远与数量之巨，使其成为地球环境改变的重要使动因素。蓝菌生命的动力源是没有臭氧阻挡的可见光，借助于与这种强光的光合作用，蓝菌把水分解为氢和氧，氢与二氧化碳化合，延续着其生命，而氧则不断地进入大气。一方面使得大气层中二氧化碳含量下降，氧的比例增大；另一方面又造就了臭氧层，这都为下一时代生命的繁荣创造了充分条件。当然，这一过程同时又是蓝菌对自身生存环境的摧毁过程，新的环境已不是蓝菌的乐园。到元古宙中晚期，随着臭氧层的形成，海水表层被浮游的真核单细胞生物所笼罩，直接影响到底栖的蓝菌。至元古宙末期，蓝菌时代骤然结束。

与蓝菌的由盛而衰同时，在元古宙晚期，就是 10 亿年前以来的震旦纪中，地球的自然环境也正在发生着剧烈的变动。元古宙中期形成的超级大陆和古老的冈瓦纳大陆都处在崩解之中，大规模的海底扩张与板块间的碰撞，带来了一系列的造山运动与海陆升降。与之同时，由于大气层中二氧化碳的递减等一系列原因，带来了全球性气温下降和冰期的到来。自地球形成以来，比较典型的冰期有三次：前两次分别发生在 26 亿～25 亿年前和 22 亿～18 亿年前；第三次发生在元古宙晚期，又被称作"晚元古代大冰期"。冰期的到来伴随着冰川的扩张和两极冰帽的膨胀，造成了海平面下降，新的大面积浅海滩形成，从而为这一时期生命的进化提供了特定的环境与条件。

知识小链接

蓝菌的分布

蓝菌主要分布在含有机质较多的淡水中，部分生于海水中、潮湿和干旱的土壤或岩石上、树干和树叶上，温泉中、冰雪上，甚至在盐卤池、岩石缝中都可以发现蓝菌；有些还可穿入钙质岩石或介壳中或土壤深层中；也有同真菌共生形成地衣，或生于植物体内形成内生植物，少数种类能生活于 85℃ 以上的温泉或终年积雪的极地。

对于原有的生命形态而言，这种环境的变化其实是恶化，它们中的大部分会因此而消亡，只有很少部分能以自身的进化适应环境的变化，求得更高形态上的发展。对于新的生命形态而言，这种环境的变化又是一种契机、一个新的阶梯，它们可以由此进入属于自己的必然王国。从生命的地质记录来看，也的确如此。这一时期，在盛极而衰的单细胞的蓝藻迅速消亡的同时，生命演化史上发生了一系列的变化，诸如多细胞生物的出现、性与有性生殖的起源以及动植物分野的形成等等，为下一时代生物世界的爆发式飞跃奠定了基础。

无脊椎动物一统天下

元古宙之后，地质史进入了我们今天仍在其中的显生宙。古生代的寒武纪是其开端。寒武纪是古生代的第一个纪，分早、中、晚三个世。

正是这一时代，出现了古生物学上独特的"寒武爆发"现象。所谓"寒武爆发"，是指众多门类的无脊椎动物化石包括节肢动物、软体动物、腕足动物和环节动物等等同时出现在寒武纪的地层中，而在此之前的地层中则难以觅到它们的踪影。对这一现象，古生物学界存在着种种解释，达尔文对此也曾大惑不解，但他肯定地推测，寒武纪突然出现的大量动物一定来自于此前漫长的进化，之所以在此之前的地层中找不到这些动物的由来，一定是由于

寒武纪生命大爆发

地质记录的不完整所致。不过，达尔文之后，地层记录渐渐完备，地层中的缺环已不是解释"寒武爆发"的理由。在这种情况下，一些生物学家向进化论提出了质疑，他们提出物种的产生是异化与突变的产物，而不是依次进化的结果。当然，也有一些人又搬出外来说的陈词，认为地球上的动植物来自星际其他空间，甚至又重弹"上帝造物"的旧调。

至目前为止，已发现的寒武纪之前的动物化石遗存有三大类别：一类是被怀疑为早期动物胚胎的化石，主要发现于中国贵州陡山沱磷块岩中；一类是软躯体的宏观体积的无脊椎动物印痕化石，因首先发现于澳大利亚中南部的伊迪卡拉地区，所以又被称作"伊迪卡拉动物"；还有一类是有钙质外骨骼的动物化石，由于它们是一些形体较小的硬壳化石，又被称作"小壳化石"。

依据现有的地质地层中的发现，我们仍无法确立环环紧扣、层次分明的寒武动物的进化序列，只有一点是可以肯定的，这就是寒武动物的爆发式出现，的

你知道吗

无脊椎动物是怎样运动的？

无脊椎动物的运动方式有多种：

借助纤毛的摆动前进；

没有刚毛，没有环形肌的线形动物通过两侧纵肌的交替收缩实现的蛇行；

有刚毛有环形肌有纵肌的蚯蚓的蠕动。这是通过不同节段纵、环肌肉交替收缩实现的；

在海底沉积物中，通过膨胀身体某节段实现固定，身体的另外部分收细前钻的星虫；

有爪动物的爬行；

昆虫的飞行。

确渊源于生命世界30多亿年的进化。但是，在这一时代，我们还应当看到：这个"应当"存在的中间环节恰恰处在大冰期结束前后的数千年间，冰期的环境恶化造就了新的物种，而冰后期的温暖与海洋面积的迅速扩张，又为它

们的发展提供了充分的空间。在这种情况下，生物进化的速度与方式都会不同于以往，具有了更多的异化与跃动的色彩，这恐怕是"寒武爆发"的内在原因。

无脊椎动物是动物世界中的先行者。前面所讲的寒武纪时代，无脊椎动物出现了十余个门类，其中最有代表性的是节肢动物三叶虫。在寒武纪的海洋中，无论从种类还是数量上，三叶虫都占据着优势地位，三叶虫属于节肢动物门、三叶虫纲，仅生活在古生代的海洋中。它们的虫体外壳纵分为一个中轴和两个侧叶，由前至后又横分为头、胸、尾三部分。从背部看去，三叶虫为卵形或椭圆形，成虫长为 3~10 厘米、宽为 1~3 厘米，小型的在 6 毫米以下。三叶虫体外包有一层外壳，坚硬的外壳为背壳及其向腹面延伸的腹部边缘。腹面的节肢为几丁质，其他部分都被柔软的薄膜所掩盖。这些小虫多数在海底生活，有时会钻入泥沙或四处漂游。它们与珊瑚、海百合、腕足动物、头足动物共生，以原生动物、海绵动物、腔肠动物、腕足动物的尸体或海藻等细小生物为食。

腕足类生物在寒武纪的地位仅次于三叶虫，到现在仍有少量生存，成为"活化石"。

旧古生代中期，三叶虫便走向衰落。至古生代之末，三叶虫结束了其历时 3 亿多年的历史，退出了历史舞台。当然，三叶虫的退出并不代表着节肢动物的退出，更不代表着无脊椎动物的退出。节肢动物的发展造就了今天占整个动物总数五分之四的庞大的昆虫王国，无脊

远古动物——欧巴宾海蝎

椎动物的其他成员也一直处在进化、消亡与发展之中。时至今日，海洋中的各种贝类、乌贼、章鱼、蜗牛、海参、海胆等等，都属于无脊椎动物的大家族。

寒武纪是无脊椎动物的一统天下，但到了 5 亿年前的奥陶纪时代，脊椎动物也闪现在正充满生命的喧闹的海洋中。最初的脊椎动物是无颌的鱼类，其全盛时期是志留纪晚期和泥盆纪早期。它们中的绝大多数都是前身被裹在

生命的家园

骨质的外壳内，所以又被称作"甲胄鱼"。由于它们没有颌骨，无法自主取食，只能靠水流经过其鳃孔时带进小生物或有机物维持生命，因此它们无法适应环境与自然的变化，在生命史上只是昙花一现，它们中的绝大多数类型很快便消失在遥远的海底世界。与此同时，极少一部分的无颌类存留下来，今天尚存活于云南一带的七鳃鳗就是其孑遗。更值得注意的是：在无颌的甲胄鱼中，演化出了有颌的鱼类，而且有了对称的腹部偶鳍。不要小看这不起眼的偶鳍，它实际上是灵长类动物四肢的由来。

这种有颌与偶鳍的脊椎动物出现于泥盆纪早期，随后便开始了迅速的膨胀与进化。它们最初仍有骨甲在身，又被称为"盾皮鱼类"。在泥盆纪中期，有的盾皮鱼已身躯庞大，是以肉食为主的海洋巨子，如其中的恐鱼身长可达10米。尽管与此前的甲胄鱼相比，盾皮鱼多了些灵活性，也多了些生存空间，但仍存留的骨甲使它们仍然要底栖在海底深处。因此，至石炭纪早期，它们便全部退出了海洋生命演化的舞台。

恐　鱼

泥盆纪时代，海洋世界中的又一项重大变化是软骨鱼与硬骨鱼的产生，尽管它们都来自于盾皮鱼，但骨甲的消失与腹鳍、尾鳍的发达，使其可以自由地活动于各个海域以及海洋的各个水区。从泥盆纪中晚期至今，整个海洋世界可以说是软骨鱼与硬骨鱼的世界。作为软骨鱼类代表的鲨鱼自泥盆纪晚期即出现，各种鲤科鱼类、鳕鱼则是硬骨鱼的代表。现存鱼类中，以硬骨鱼类占绝对优势。在现在地球上的脊椎动物中，软骨鱼与硬骨鱼这两大鱼类的总和，比除其之外的海中、陆上所有的脊椎动物还要多。所以，在一定意义上可以说：海洋仍然是我们这颗星球世界的生命重心所在。

海洋孕育了生命，海洋造就了生命的最初繁盛，但生命的发展并未止息于海洋世界。由海洋向陆地的扩展，是早期生命发展史上最为壮观的一幕。

海洋生命向陆地的拓展或许可以追溯到元古宙的晚期，某些蓝菌和藻类已经登上了陆地，但这些生命并不能与陆地环境进行有效地交换，它们只是通过被动地适应，提高自身的"耐旱"能力。因此，它们的登陆实际上只是海陆变迁中无奈的滞留，不可能再以此为契机，去征服新的大陆。它们在陆地的发展有待于其他植物对陆地的征服以及由此带来的陆上环境的变化。目前陆地上广泛存在的苔藓植物、陆生和淡水藻类以及蓝菌都属于这一情况。

真正从海洋向陆地的开拓者是维管植物，时间是 4 亿多年前，也就是奥陶纪晚期或志留纪。这一时期，由于经历了长时间的海洋生命的发展，不断的光合作用将水分子中的氧释放到空中，使大气中的含氧量已达到今天的十分之一左右，而且随着大气含氧量的增加，臭氧层也已产生，可以对陆上生物起到保护作用。也正是在这一时期，地球上地壳运动剧烈，许多地方高岸陵谷，海陆升降，总的趋势是大片陆地被推升以及海洋面积缩减。在这一变化中，一部分海洋叶状体植物开始了向维管植物的进化。

所谓"维管植物"，是指其有木质化维管系统的陆地光合自养生物。今天我们能看到的树木花草基本都是维管植物。与原有的叶状体植物相比，它具备了自身的支撑力，可以不依赖于水的支持而独立于陆地；它具备了上下贯通的水分与营养的导递系统，可以有效地摄取土壤、空中的水分与营养物质；它还具备了调节和控制体内外水平衡的能力，使其能够适应陆地干旱环境。当然，这些特征是在它逐渐适应陆上环境的过程中逐步形成的。与早期某些蓝菌和藻类的"登陆"相比，尽管其起点可能都源自海陆变迁中的退海为陆，

海洋中的植物

在海洋中，也生活着一些水生植物，我们平常吃的海带就是生活在海洋中的植物。海洋中有一种叫作巨藻的植物，可以算是水生植物里的"巨人"了。巨藻是一种低等植物，不开花，也不结果实。它的构造很简单，连真正的根、茎、叶都没有。像根的部分，不是根而是它的固着器；像茎的部分，不是茎而是它的带柄；像叶的部分是它的带片。可是它的长度惊人，可以有 60～80 米长，最长的达到 300 多米。

是一种不得已的适应，但维管植物并没有仅仅停滞在适应中，它又进而由适应到进化，形成为全部的陆生植物，由此又开始了它在陆上的主动扩张与发展，从而造就了新的陆地生态系统。时至今日，它仍是地球上最为庞大的生

生命的家园

物类群，占总生物量的97%，是地球植物的主体。

　　最早登陆的维管植物是光蕨，它没有叶，也没有真正的根，但它带来了蕨类植物的繁荣。经过泥盆纪的积蓄与发展，到石炭纪与二叠纪时代，蕨类植物造就了地球上第一个原始森林时代。当然，这时的蕨类有了茂盛的枝叶，也有了发达的根系。在这一时期原始森林中，有高大的鳞木与芦木，前者高可达30～40米，直径可达2米，后者也可高达30～40米，不过直径要小一些，最粗者也可达1米左右。还有茂密的树蕨，它们有很大的树干，丛集成林，比鳞木与芦木有更强的繁殖力。这些都成为今天地下煤田的主要来源。

光蕨植物

　　植物在陆地的发展为动物改善了环境，提供了栖息之处，也提供了充足的食物。紧随植物之后，动物世界也开始了向陆地的扩张。最早登陆的动物是无脊椎动物，主要是节肢类动物。它们的登陆，造就了庞大的昆虫王国。脊椎动物的登陆要晚得多，大约到了泥盆纪之末，两栖类动物方出现于当时的水陆接合地带。它们是陆上所有的脊椎动物的先驱，当然也是所有的灵长类乃至我们人类的先驱。

　　现在已经发现的最早的两栖类动物是鱼石螈，发现于格陵兰的泥盆纪晚期的地层中。它们长约1米，已有了四肢，头部已能活动，但还保留着鱼类的许多特征，如仍有鳞片、尾鳍，头骨上还残存着鳃盖骨。古生物学家们多认为，鱼石螈来自于真掌鳍鱼。前面我们已经知道软骨鱼与硬骨鱼构成了鱼类的两大基本类别，硬骨鱼又由刺鳍类和肌鳍类构成，前者包括鳕鱼、鲤鱼等，后者又分为总鳍鱼和肺鱼两大支系。真掌鳍鱼便是总鳍鱼的一个支系，它们的偶鳍啕已具有了相当于两栖类肢骨的骨骼，形成了肺，水中陆上都能呼吸，这就为鱼类向两栖类过渡奠定了基础。因此，在泥盆纪晚期海陆更替中，两栖类动物应运而生。

　　鱼石螈的骨骼构造既有总鳍鱼类的特征，又有原始两栖类的特征，是脊椎动物从水到陆过渡阶段的代表。鱼石螈有一个小的背尾鳍，且还保留着鱼类的尾鳍条，但肢带和四肢已是早期两栖类的模式，虽还较弱、较短，却已能初步支撑身体在陆地上活动。正是这种在陆地上笨拙行走的动物，书写下了陆地动物进化的新篇章。

爬行动物时代与恐龙的崛起

生命的家园

在古生代的泥盆纪，脊椎动物终于开始登陆，向陆地动物进化。到了古生代的最后阶段——二叠纪，植物的种类不断增加，两栖动物有了很大发展，进化出了爬行动物。爬行动物开始辐射演化，除了原始的杯龙类外，似哺乳爬行动物达到全盛，其中属于盘龙类的异齿龙是当时陆地上的顶级掠食者。

异齿龙是一种巨大爬行的动物，有像蜥蜴一样的四肢，有很大的扇叶分布在颈部到尾部前端。庞大的身体和尖利的牙齿使它们成为当时陆地的霸主和没有天敌的王者。

我们需要知道的是，尽管有"龙"的称谓，但二叠纪及其以前被叫作"龙"的动物与恐龙并不相同，与恐龙是爬行类的不同分支。

尽管陆地生物中没有对手，强如异齿龙这样的霸主也逃不过自然

异 齿 龙

的抹杀。到大约 2.3 亿年前，地球上发生了大规模的集群灭绝，很多生物退出了历史舞台，古生代从此结束。

古生代结束之后，地球进入中生代。这是地球历史上最引人注目的时代，脊椎动物开始全面繁荣，不可思议的物种接连出现。爬行动物在海、陆、空都占据统治地位，中生代因此又被称为"爬行动物时代"。

中生代可划分为三叠纪、侏罗纪和白垩纪。三叠纪开始于大约 2.3 亿年前。那时，大地还是一块完整的泛大陆，被松柏、苏铁、银杏和真蕨等植物

所覆盖。迷齿类两栖动物在三叠纪时大部分已经灭绝，只剩下全椎类，而原始的无尾类两栖动物也已经出现。槽齿类爬行动物迅速发展，达到最大的多样性，并进化出了原始的恐龙和最早的鳄类。

波斯特鳄

当时，二叠纪大灭绝使大型兽孔类动物几乎死绝，恐龙类尚未进化到自己的巅峰，古鳄抓住机会，一跃进化成为当时最强大的猎食兽。在接下来的 500 万年里，它们很快演化成品种多样的陆生及半水生食肉动物。

波斯特鳄是三叠纪晚期陆地的古鳄中进化最成功和最强的食肉动物，是其他陆地动物的猎食者。从化石来看，这种鳄鱼体长可达 6 米，体重估计有 1 吨。像其他鳄鱼中的初龙类动物一样，波斯特鳄的颈、背和尾部覆盖着像鳞片一样的盾甲状结构。

这种凶猛的大鳄平时用四条腿行走。但是，当它展开攻击时，就会用两条后腿跳起来扑击猎物。这是生物界一次了不起的进化，因为这种扑击的捕猎方式比起普通的捕食动作要迅猛得多，成功率也大得多。

波斯特鳄已经进化成了优秀的独行猎手，拥有完美的伏击技巧。它的主要猎物之一是扁肯氏兽——一种强壮群居的大型动物。扁肯氏

你知道吗

哪些不属于恐龙？

所有的恐龙皆为陆地动物。许多史前爬行动物常被一般大众非正式地认定是恐龙，例如翼手龙、鱼龙、蛇颈龙、沧龙、盘龙类（异齿龙与基龙）等，但从科学角度来看，这些都不是恐龙。

兽体长 3 米，体重超过 1 吨，上颚有两颗巨大的牙齿，用来挖掘植物地下根茎。波斯特鳄在准备捕杀扁肯氏兽时，会先研究一下扁肯氏兽群，挑选生病或受伤的个体，然后进行攻击。

尤其令人惊异的是，波斯特鳄遵循着一条非常残酷的自然法则。它们的

领地意识非常强烈，为了争夺或保卫领地，会与同类进行不死不休的战争。为了减少竞争者，它们连同类的蛋也不放过，不仅会吃掉其中大部分，还会彻底毁掉吃不下的。幼年时期的波斯特鳄，刚爬出蛋壳就要逃往密林中长大。否则，连它们的母亲都可能将它们视为美食。

侏罗纪时代恐龙大世界

这种残酷的进化机制虽然能保证波斯特鳄个体强大，但无疑不利于他们维持群体的数量。称霸一时的波斯特鳄并没有坚持太长时间，很快就灭绝了。在三叠纪晚期的最后时刻，蜥脚类爬行动物的崛起，完全占据大陆的恐龙登上了历史舞台。

从三叠纪晚期开始，由于食物的充足，恐龙的身体开始变得越来越巨大，以至于凶猛的波斯特鳄对这些庞然大物无从下口。当时，就连食草的板龙也有4吨重的庞大身躯，体型对于波斯特鳄来说几乎是不可战胜的。

利用身体上的优势，恐龙们迅速发展壮大。到侏罗纪晚期，这些蜥脚类爬行动物达到全盛，成为地球陆地上出现过的最巨大的动物。蜥脚类中的地震龙是地球上出现过的最长的动物，长达45米。超龙和极龙则是陆地上最重的动物，重约100吨，只有海洋中的极少数鲸类才比它们重，陆地上任何动物包括恐龙在

拓展思考

谁是最大与最小的恐龙？

只有很小比例的动物最后会成为化石保存下来，而且绝大部分的化石都仍埋藏于地底；只有极少数的已被发现的样本保留有完整的骨骼，而其中保存有皮肤和其他软组织痕迹的则更为稀有。凭借比较不同骨头的大小与形态，来重建一副完整的骨架，是一个复杂的过程，而重塑肌肉和器官则更为困难。因此，最大和最小的恐龙只能等着科学家确定。

生命的家园

内都无法与蜥脚类相比。

恐龙时代的最强者是我们所熟悉的霸王龙。霸王龙是肉食性恐龙中最残暴和最大的，身体全长 15 米，高约 6 米，体重大约 7 吨。它的前肢短小，每只前爪有两个趾，后腿大而有力，每只脚有三个脚趾，不论是前爪还是后爪，趾尖都非常尖利。霸王龙的牙齿长达 18 厘米，都很锋利，当有一颗牙掉了时，就会有颗新牙长出来。它们用两条腿走路、奔跑，时速可达每小时 48 千米。不仅有迅猛的身手和捕猎的利器，也有很好的视觉和嗅觉，智力堪称当时最高。它们会猎食自己所见到的每一种生物，包括那些身体比它庞大得多的食草恐龙。

恐龙是中生代地球的霸主，这在许多年来一直是人们的共识。但是，一些化石证据却显示出，恐龙并不是当时唯一的霸主。在挖掘出的各种恐龙包括异常凶狠、无敌于天下的霸王龙的骨骼化石上，人们都发现了一种鳄鱼留下的致命伤痕。显然，曾经有一种鳄鱼进化成强大的物种，挑战恐龙地球主宰的地位。

霸 王 龙

那么，这种鳄鱼是什么样子的呢？秘鲁北部亚马孙河盆地的发现揭开了谜团。

在这片林木繁茂、河流密布、空气异常闷热潮湿、人迹罕至的热带雨林里，考古学家挖掘出了一些体积巨大的下颚化石、牙齿化石以及脊柱化石。这些巨大的骨骼化石与以前所发现的任何一种恐龙化石都不相同。人们把它们拼合起来，发现这种动物的身躯惊人的庞大，与现在的鳄鱼骨骼十分相似。经过科学鉴定，人们发现：这些化石确实属于一种已经消失了的巨大鳄鱼。

巨鳄的头骨长 1.3 米，牙齿有 5 厘米长。根据鳄鱼的头与身长比例，古生物学家们推测：这条巨鳄的身长可达 13 米，体宽 2.5 米，是现代最大鳄鱼的 10 到 15 倍；体重达 9 吨，比凶猛的霸王龙还要重。而且，化石中的牙齿丝毫没有老化的现象，根据爬行动物的特点，这种鳄鱼至少应该还能生长到16～20米长。因为爬行动物随着年龄的增加，体长几乎是可以无限增加。这实在是一种令人震惊的超级巨鳄。

不论是从体型上看，还是从其生理结构来看，超级巨鳄都是个残忍的杀手。它强大有力的胯骨，甩一下尾巴能够产生出力压千钧的冲击力。巨鳄窄且长的嘴内，分布着大小100多颗锋利的獠牙，并有咬合严密的深复牙，足以撕碎体型硕大的霸王龙和巨型乌龟。它们的鼻孔和眼睛突出于面部。和今天的印度鳄一样，在水中猎食的时候可以将巨大的身体隐藏水中，但眼睛部位却正好浮在水面上，随时观察岸边的猎物。当恐龙在水边喝水时，这种巨鳄完全可以悄悄接近，用锐利的巨齿瞬间刺透恐龙坚硬的皮肤。

化石的发掘证明，这种巨鳄曾经在世界各地存在过。它们生活在中生代白垩纪中期，距今1.1亿年至9000万年间。它们不仅曾与恐龙同时存在，还曾经与恐龙在相互捕食中展开激烈竞争。

据说，一块巨大的陨石击中地球，霸王龙同大多数恐龙在巨大的变化中纷纷灭绝。统治了地球2亿年，历经三叠纪、侏罗纪、白垩纪的蜥脚类爬行动物终于没落。而超级巨鳄则似乎比恐龙顽强得多。它们在恐龙之后又继续存在了若干年，但也终究没能逃离灭绝的命运。毕竟，广阔的陆地终究不属于这些两栖动物。

灵长类的萌生

白垩纪末期的动荡摧毁了恐龙世界的繁华，同时也宣告了中生代的终结，地球的历史从此进入了孕育智慧文明的新生代。新生代的第一个时期是第三纪，这是哺乳动物的时代，也是人类的始祖灵长类形成与发展的时代。

早在爬行类动物刚刚脱离两栖类动物之时，它们中的一部分便走上了另外的进化之路，开始向哺乳类动物的方向发展。自石炭纪晚期开始，出现了相当数量的既不同于爬行类又不属于哺乳类的动物群体。其中，有生存于石炭纪晚期到二叠纪早期的盘龙类，也有生存于二叠纪中晚期与三叠纪的兽孔类。兽孔类化石在我国出土较多，二齿兽、肯氏兽、水龙兽、付肯氏兽等都有发现。

水 龙 兽

真正的哺乳类动物出现在三叠纪晚期与侏罗纪。与爬行类动物相比，它们具有四大优势：第一，脑容量的增加与大脑皮层的发展，使它们对外界的反应能力大大增强。大脑是心理活动与感官的中枢。大脑的发达，直接促进了哺乳类动物心理活动的进行，促进了四肢及各种感觉器官的强化，使它们的活动空间与活动范围空前扩展。第二，哺乳类动物基本上都是胎生与哺乳，较之爬行动物之卵生，其后代的成活率大大提高，而且在哺乳的条件下，对于后代的影响与训练也与日俱增，这十分有利于哺乳动物一代优于一代的后天进化。第三，哺乳动物都是内热的恒温动物，亦即它们可以自行调节体温，从而对于外界环境的适应性，尤其是对于气候与温度变化的适应性大大增强。第四，较之爬行动物，哺乳动物更为灵活、敏捷。颈椎的进化，使其头部可以自如地转动。脊椎与肋骨的进化，使其四肢与胸腹之间更为协调。四肢并用地奔跑成为哺乳动物的一大特色，无论是躲避敌害，还是捕获猎物，都有着得天独厚的优势。

哺乳类还比较原始，主要有三锥齿兽类、对齿兽类、古兽类、多尖齿兽类以及柱齿兽类，其中柱齿兽类仍保留着爬行动物卵生的特性。不过，它们与介于爬行类与哺乳类之间的那些动物的因缘关系，现在还无法证明。

白垩纪晚期的动荡，使恐龙和相当一批海中与陆上的动

世界上最大的哺乳动物是什么？

蓝鲸是地球上最大的哺乳动物。蓝鲸又叫剃刀鲸、蓝长须鲸，是须鲸中的一种。它的口中没有牙齿，却长着许多栉齿般的三角形的须。除了黝黑色的鲸须外，背部几乎都是青蓝色，体侧镶有白色的斑点，腹部浅灰色，上面有70～180条皱褶，可以膨胀，也会收缩。

物遭到灭顶之灾。但哺乳类动物以其强化的适应能力生存了下来，而且在浩劫之后的地球上少了恐龙这样的天敌，它们便迅速发展起来，成为大陆新的主人，在进入新生代之前的演化中，古老而原始的哺乳动物陆续消亡，三锥齿兽类、对齿兽类与古兽类早在白垩纪早期便已灭绝，只有多尖齿兽类自侏罗纪延续到第三纪的始新世。不过，也有一个例外，即卵生的柱齿兽，虽然它是原始哺乳动物中的原始型，还保有着相当多的爬行动物色彩，但恰恰是这一类卵生的哺乳动物延续了下来。目前，澳大利亚的鸭嘴兽和针鼹都是其余绪。当然，它们也没有过大的发展与繁盛。

自白垩纪步入新生代的哺乳动物的主体是古兽类的两个分支，即有袋类和有胎盘类。到目前为止，地球上95%以上的哺乳动物属于有胎盘类，另外的5%以有袋类为主，如北美的负鼠，澳大利亚的袋鼠、袋兔、袋熊等等；当然，也还有个别的卵生哺乳动物。

最早的有胎盘类出现在白垩纪时代，是食虫类小型动物，现存的刺猬是其直系后裔。不少古生物学家认为它们是有胎盘类动物的直接或间接祖先。新生代之初的古新世，是胎盘类动物的初步发展阶段，其化石相对较少，种类也是很稀疏，而且不同种类之间的界限也不是那么明确。比如，在我国出土的兽化石便似兔似猴又似刺猬：其骨骼尤其是身躯与四肢更像兔；其生活习性与大脑结构又像灵长类，尤其像灵长类中的树鼩；其头骨与牙齿则近似于食虫类的刺猬。因此，它有时被归于食虫类，有时又被归于灵长类，后来人们干脆把它列为独立的"目"，即亚兽目。

古新世之后的始新世开始于6000万年前，这是各种哺乳动物的大爆发时代。现存的各种哺乳类动物几乎都是这一时期完成了其创世的过程，迅速发展与繁荣起来。

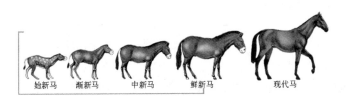

马的演化图

始新马　渐新马　中新马　鲜新马　现代马

在这一时期，马的祖先始祖马已经出现。不过，此时的马只有狐狸那么大，适于在灌木丛中奔走。到距今3500多万年前的渐新世，出现了身高半米、与羊大小相当的中马，也叫"渐新马"。到距今2500万年的中新世，出现了草原古马，大小如驴。到1200万年前的上新世，出现了近似于现代马的上新马。第四纪之初，现代马最终形成。

在这6000万年中，其他哺乳类动物也都走过了漫长而殊途的进化之路：与马同属奇蹄类动物的还先后兴起过雷兽、貘、犀牛和爪兽；属于偶蹄类动物的有猪、河马、骆驼、牛、鹿、羚羊、羊等等；属于长鼻类动物的则是各种各样的象类动物，先后有始祖象、古乳齿象、乳齿象、恐齿象、铲齿象、剑齿象、毛象、猛犸象以及现代的亚洲象与非洲象；属于肉食动物的有狗形类与猫形类两大类别，前者包括狗、熊、熊猫、浣熊、貂、狼獾、獾、臭鼬、水獭等，后者包括灵猫、虎、狮、剑齿虎、鬣狗等等。

狭鼻猴

实际上，哺乳类动物的成长初期一直处于夹缝中，虽然古猪被称作巨猪的一支生活得还算潇洒。

巨猪在生物学分类中，属于猪形亚目早期演化的一个旁支，并不是现在猪的直系祖先，出现于距今4000多万年前的始新世中期，生活在北美和欧亚一带。在比较短的时间内，巨猪的体型就发展到今天的野牛那么大，因此有了"巨猪"之称。它们除个体巨大外，头骨占身体的比例在哺乳动物中可以算非常大。

巨猪的构造很特别，在颧弧前外侧、下颌骨结合部有一对长大的骨质突起，而在它们的下颌侧部也有一些奇怪的突起，头部其他地方也往往布满这样的"骨瘤"。巨猪的四肢比现代的猪要长，而且比较粗壮；犬齿很大，善于撕咬猎物。

在当时，巨猪是成功的猎食者，有名的动物霸主，居于食物链顶端。自从在始新世中期崛起后，它们在世界上横行了将近 2000 万年，在距今 2330 万年开始的中新世才灭绝。

虽然有巨猪的异军突起，但在远古时代，哺乳动物大多数时间里都生活在爬行动物及其后裔的威胁中。不仅有恐龙、不飞鸟先后称霸地球，蛇类也一直是哺乳动物的杀手。

灵长类是哺乳动物中最为进步的一个类别，根据生物学的分类，它又分为原猴亚目和猿猴亚目（亦即低等灵长类与高等灵长类）。低等灵长类即原猴亚目，包括鼩、狐猴、瘦猴和眼镜猴四个次目。高等灵长类即猿猴亚目，包括阔鼻猴和狭鼻猴两个次目。阔鼻猴又分绢毛猴和卷尾猴两科；狭鼻猴则分为猕猴超科和人猿超科，前者包括了疣猴科和猕猴科，后者包括了猿和人。关于灵长类演化的研究多是在这一体系之上进行的。

关于灵长类的起源，长期以来，人们多认为树栖是灵长类起源的源头所在，应当到最早的树栖动物中去寻找最早的灵长类。但是，近数十年来，又有人认为灵长类最初是在灌木丛中捕食的小动物，在这种生态环境中，发展了手和眼的协同动作、抓握能力、双眼视觉等等，在此基础上发展为灵活的树栖动物。

广角镜

最接近于人类的动物

根据对血和蛋白质的化验，黑猩猩和大猩猩最接近于人类。黑猩猩的染色体除了第 22 对和额外的一对，其他的都与人相近。

最早的灵长类化石迄今尚未发现。一般说来，灵长类产生于白垩纪是没有问题的，现在已经发现的较早的灵长类化石，是美国蒙大拿州东部最晚白垩纪地层中的珀加托里猴。

先看看关于低等灵长类的演化。原猴类出现在北美与欧洲大陆分离前。在北美和欧洲的始新世堆积中，发现了大量类似于狐猴的化石，其中比较典型的是欧洲的兔猴和北美的北狐猴，其中北狐猴有可能演化为高等灵长类。另外，在始新世还出现了北美的恐猴和法国的尼古鲁猴，它们应当是原猴类另一亚目眼镜猴的祖先，也有可能演化为高等灵长类。至于高等灵长类是由狐猴类还是由眼镜猴类的祖先演化而来，尚无法确定。现生的眼镜猴类似乎

生命的家园

比现生的狐猴类较与高等灵长类接近，可是化石记录表明，始新世的北狐猴与最早渐新世的高等灵长类有若干明显的形态上的联系。

　　关于高等灵长类的进化，近年来的各种研究已经表明，所有的高等灵长类都与各种现生原猴不同，也就是说高等灵长类应当是从与现生原猴没有密切关系的原猴演化而来的。

　　阔鼻猴次目只有一个超科，即卷尾猴超科。关于它们的化石记录不多，发现于南美和牙买加的渐新统、中新统和更新统地层中，但它们与现生的卷尾猴又没有多少直接的联系，似乎不能作为任何现生卷尾猴的祖先。

　　狭鼻猴类的化石发现较多，最早的化石发现于埃及法尤姆的渐新世地层中，有傍猴亚科与森林古猿亚科两个类别：前者包括猕猴、中猴等，是现生旧陆猴的祖先；后者包括了渐新猿、风神猿、原上猿与埃及猿等，是现生猿类和人类的祖先。

人类起源之传说

　　人类的起源，可以说是学术上一个众说纷纭的问题，不论是人类学家、考古学家、历史学家、生物学家，还是哲学家、宗教家，都曾对人类起源做过各种角度的研究，然而，迄今仍没有最令人信服的说法。

　　关于人类起源的神话传说，各民族对它的描绘都相当丰富，其中有些说法颇为相似，当然不同的也不少，在这些神话里，我们可以发现有和进化论不谋而合之处。归纳各种神话，人类的起源可以分为"呼唤而出"、"原本存在"、"植物变的"、"动物变的"和"泥土造的"五种。而从达尔文《物种起源》的角度看，人是动物长期发展的产物，现代人类和现代猿有着共同的祖先。

盘古开天辟地

盘古开天辟地

万物之初，一只鸡蛋包含着整个宇宙。鸡蛋里是一片混沌，漆黑一团，没有天地，没有日月星辰，更没有人类生存。可是，在这片混沌黑暗之中，却孕育了创造世界的盘古。

盘古在这只大鸡蛋里孕育成人以后，睡了一万八千年，才醒了过来。这时，他发现他生活在黑暗混沌的大鸡蛋里，心里憋闷得慌，浑身像被绳子束缚一样很难受，又看不见一丝光明。于是，他决心舒展一下筋骨，捅破这个大鸡蛋。

盘古胳膊一伸，腿脚一蹬，大鸡蛋就被撑碎了。可是，他睁大眼睛一看，上下左右，四面八方，依然是漆黑一团、混沌难分。盘古急了，抡起拳头就砸，抬起脚就踢。盘古的胳膊腿脚，又粗又大，像铁打的一样。他这一踢一打呀，凝聚了一万八千年的混沌黑暗，都被踢打得稀里哗啦乱动。盘古三晃荡、两晃荡，紧紧缠住盘古的混沌黑暗，就慢慢地分离了。轻的一部分（阳）便飘动起来，冉冉上升，变成了蓝天；而较重的一部分（阴）则渐渐沉降，变成了大地。

天地一分开，盘古觉得舒坦多了。他长长地透了口气，想站立起来，然而天却沉重地压在他的头上。他意识到天若不高高地升到高空，那么地上就永远不可能有生命存在。于是他坐下来沉思默想，怎样才能解决这一问题。最后，他断定，只有他把天托住，世上众生才能繁衍和生存。于是，盘古就手撑天、脚蹬地，努力地不让天压到地面上。日复一日，年复一年，光阴过去了一万八千年。这中间，盘古吃的只是飘进他嘴里的雾，他从不睡觉。开始，他只能用胳膊肘撑着，伏在膝盖上休息，因为他必须竭尽全力，用双手把天推向天空，终于，盘古可以将身体挺直，高举双手把天空向上托了。他的身子一天长一丈，天地也一天离开一丈，天升得越高，盘古的身躯也变得越长。天地被他撑开了九万里，他也长成了一个高九万里的巨人。

天终于高高定位于大地的上方，而盘古却感到疲惫不堪。他仰视双手上方的天，接着又俯视脚下深邃的大地。他断定天地之间已经有了相当的距离，他可以躺下休息，而不必担心天会塌下来压碎大地了。

于是盘古躺下身来，睡着了。他在熟睡中死去了。盘古是累死的，他开天辟地，耗尽了心血，流尽了汗水。在睡梦中他还想着：光有蓝天、大地不行，还得在天地间造个日月山川，人类万物。可是他已经累倒了，再不能亲手造这些了。最后，他想：把我的身体留给世间吧！

于是，盘古的身体使宇宙具有了形状，同时也使宇宙中有了物质。

盘古的头变成了东山，他的脚变成了西山，他的身躯变成了中山，他的左臂变成了南山，他的右臂变成了北山。这五座圣山确定了四方形大地的四个角和中心。它们像巨大的石柱一样耸立在大地上，各自支撑着天的一角。

盘古的左眼，变成了又圆又大又明亮的太阳，高挂天上，日夜给大地送暖；右眼变成了光光

拓展阅读

卫星上的盘古山

在土卫五上有一座环形山称为"盘古"，便是以盘古的名字命名的。土卫五（Rhea）是环绕土星运行的第二大卫星，并为太阳系中第九大的卫星。它是由法国天文学家乔凡尼·多美尼科·卡西尼于 1672 年所发现的。

的月亮，给大地照明。他睁眼时，月儿是圆的，眨眼时，就又成了月牙儿。

他的头发和眉毛，变成了天上的星星，洒满蓝天，伴着月亮走，跟着月亮行。

他嘴里呼出来的气，变成了春风、云雾，使得万物生长。他的声音变成了雷霆闪电。他的肌肉变成了大地的土壤，筋脉变成了道路。他的手足四肢，变成了高山峻岭，骨头牙齿变成了埋藏在地下的金银铜铁、玉石宝藏。他的

血液变成了滚滚的江河，汗水变成了雨和露。他的汗毛，变成了花草树木；他的精灵，变成了鸟兽鱼虫。

从此，天上有了日月星辰，地上有了山川树木、鸟兽虫鱼，天地间从此有了生命。

女娲抟土造人

古代开天辟地的神话出现之前，我国古神话中，就已流传有一位化育万物的伟大女神——女娲，后来由于盘古神话人物产生之后，女娲创世的地位才逐渐让位于盘古。有关女娲的神话记载很多，所述身世也比较复杂。有说她是一位独立的女神，有说她和伏羲是兄妹二人，更有说她是大禹的妻子等等。不过，女娲作为一位独立女神，抟土造人、修天补地的神话，更被人们接受，广为流传。

知识小链接

女娲补天

根据唐代司马贞《补三皇本纪》记载，水神共工造反，与火神祝融交战。共工被祝融打败了，他气得用头去撞西方的世界支柱不周山，导致天塌陷，天河之水注入人间。女娲不忍人类受灾，于是炼出五色石补好天空，折神鳌之足撑四极，平洪水杀猛兽，人类始得以安居。

据传女娲神通广大，一天当中能变化七十次。天地开辟之后，大地上有了山川草木，鸟兽鱼虫，就是没有人。一天，女娲漫步在荒漠的大地，举目四望，找不到一种可以同自己交流情感的生物，内心充满了孤独与寂寞，觉得应该给大地再添些生灵和活气。于是，她坐在水边，用黄土，掺加了水，糅合成了泥。女娲双手抟弄着黄泥，按照自己的形貌，捏制了一个泥娃娃。说也奇怪，女娲将小泥人一放在地上，立时就变成了一个欢蹦乱跳的小生灵。女娲捏呀！捏呀！双手不停歇地捏制了许许多多的泥娃娃。也许是累得已经疲倦不堪，或许女娲认为凭着自己的双手，根本就没办法抟制更多的泥人去充满广袤的大地。于是，她顺手扯下一根野藤，伸入到泥潭中去。野藤上沾的泥浆便顺势散落成无数个泥点掉落在地上。星散的泥点一落地，立刻就变成了一群呱呱乱叫、欢欣雀跃的小人。女娲手握野藤，挥呀！洒呀！大地上便出现了芸芸众生，有了人类。

女娲创造了人类之后，她又把男人和女人婚配起来，让他们自己去养育儿女，繁衍后代。由于女娲最早为人类撮合了婚姻，建立了婚姻制度，因此，后人便把女娲尊奉为婚姻之神，称为"高禖"，即"媒神"，并建立了神庙，用丰富的供品和隆重的礼节来祭祀她。

另外，还流传有一个叙说女娲抟土造人的神话。说洪水过后，大地空荡，女娲一人孤寂无聊，就用泥巴捏了人和六畜。第一天捏鸡，第二天捏狗，第三天捏猪，第四天捏羊，第五天捏马，第六天捏牛。六畜捏完之后，第七天才捏了人，所以人的出现要晚于六畜。捏完人之后，第八天，人和六畜向女娲要吃的，她便把剩下的泥土随手一撒，说："吃吧！这就是你们的粮食。"泥屑一落地就长出了五谷杂粮。人们为了纪念女娲的功绩，便从正月初一至初六，分别祭鸡王爷、狗王爷、猪王爷、羊王爷、马王爷、牛王爷，而初七祭人祖爷和人祖奶，称初七为"人日"，家家户户吃长寿面，初八则称为"谷日"。

世界上许多民族都流传有神创造人的神话，而且大多还都和泥土有关。女娲抟土造人的神话同世界各民族的有关神话一样，反映了人类和土地之间的密切关系，确立了人类依赖自然，又改造自然的主宰的地位。

拓展阅读

伏羲

伏羲（生卒年不详），又称宓羲、庖牺、包牺、牺皇、皇羲、太昊等，《史记》中称伏牺，传说中的中国古代君主。华夏太古三皇之一，与女娲同被尊为人类始祖，中国神话中与女娲一样，龙身人首、蛇身人首。

人类起源之传说

希腊众神创造人类

地球之神该亚

古希腊人的传说中，有各种各样的神。那么，号称万物之灵的人类，是被哪些神创造了肉体、赋予了灵魂，又被哪些神注入了智慧的头脑，从而日益兴旺发达的呢？

古希腊神话中，人类起源与华夏文明中关于人类起源的神话有些异曲同工之处，只是创造人类的大神不一样。

希腊神话中，宇宙最初的形态也是混沌。首先出生的是大地之神——该亚，之后出现的是在大地的底层塔耳塔洛斯出生的厄瑞玻斯（黑暗）及在地面出生的尼克特（夜晚）。厄瑞玻斯和尼克特兄妹结合生下了光明和白日。乌拉诺斯从该亚的指端诞生，是为穹苍之神。就这样，天和地被创造出来，鱼、鸟和走兽成群地出现，但还没有一个具有灵魂的、能够主宰世界的高级生物。

此后，穹苍之神乌拉诺斯和母亲该亚结合，生下六男六女，即十二泰坦巨神。除此之外，他们还生了三个独眼巨怪和三个百臂巨怪。

泰坦神伊阿佩托斯生下了普罗米修斯。善良的普罗米修斯知道天神的种子蕴藏在泥土中，于是捧起泥土，用河水沾湿调和，按照天神的模样捏成人形。为了给泥人以生命，他从动物的灵魂中摄取了善与恶两种性格，将它们封进人的胸膛里。同时，普罗米修斯的弟弟埃庇米修斯将勇敢、力气、快速、伶俐等天赋分别赐予各种动物，到最后却没有剩下优秀的天赋给人类。幸亏智慧女神雅典娜看到人类后，惊叹泰坦神之子的创造，便朝具有一半灵魂的泥人吹了口气，使人类获得了灵性。

就这样，人类在大地上出现了。他们繁衍生息，不久遍布各处。这时的人类不会任何技术，也不懂得如何运用自己的大脑和双手。普罗米修斯便亲自教会他们观察日月星辰的升起和降落；为他们发明数字和文字，让他们懂得计算和用文字交换思想；教他们驾驭牲口，分担劳动；他发明了船和帆，让人类可以在海上航行；他教会人类调制药剂来防治各种疾病；他教会他们占卜、圆梦；他引导人类勘探地下的矿产，让他们发现矿石，开采铁和金银；他教会人类农耕技艺，使他们生活得更舒适。

在此期间，穹苍之神乌拉诺斯被儿子克洛诺斯推翻，成为第二代主神；克洛诺斯又被自己的儿子宙斯推翻了。宙斯及其兄弟、子女们成为人类的新主宰，他们要求人类敬重他们，并以此作为保护人类的条件。

人类起源之传说

知识小链接

智慧女神——雅典娜

雅典娜是希腊神话中的胜利女神与智慧女神，亦是农业与园艺的保护神、司职法律与秩序的女神，奥林匹斯十二主神之一，据说她传授纺织、绘画、雕刻、陶艺、畜牧等技艺给人类。

雅典娜是希腊神话中少有的处女神，与阿耳忒弥斯、赫斯提亚并称为希腊三大处女神，备受希腊人民崇拜，尤其是雅典人，雅典城是以她命名的，而且是她专有的城市。

在希腊的墨科涅，众神集会商谈，确定人类的权利和义务。普罗米修斯作为人类的维护者出席了会议。为了让人类少负担一些供奉，普罗米修斯戏耍了众神。宙斯非常愤怒，决定报复普罗米修斯。他拒绝向人类提供生活必需的最后一样东西——火。普罗米修斯灵机一动，拿来一根又粗又长的茴香秆，靠近太阳神阿波罗的太阳车，用太阳车的火焰点燃茴香秆，然后带着闪烁的火种回到地上。很快，人类拥有了火并学会使用。宙斯见人类得到火种，决心以新的灾难来惩罚他们。他与众神创造了一位名叫潘多拉（意为"具有一切天赋的女人"）的美女，命她到普罗米修斯的弟弟埃庇米修斯的面前，请他收下宙斯给他的赠礼。她走到埃庇米修斯的面前，突然打开了盒盖，里面的灾害像股黑烟似的飞了出来，迅速地扩散到大地上。盒子底上还深藏着唯一美好的东西——希望，被潘多拉依照宙斯的命令永远关在了盒内。从此，各种各样的灾难开始侵袭人类。

接着，宙斯开始向普罗米修斯报复。他把普罗米修斯用牢固的铁链锁在高加索山的悬岩上，每天派一只恶鹰去啄食他的肝脏。肝脏被吃掉后又很快恢复原状。他不得不忍受这种痛苦的折磨，直到将来有人自愿为他献身为止。

终于有一天，半神英雄赫拉克勒斯来到这里。他很同情普罗米修斯的遭遇，便取出弓箭把恶鹰一箭射落。然后他松开锁链，解放了普罗米修斯，把半人马喀戎作为替身留在悬崖上。喀戎为了解救普罗米修斯也甘愿献出自己。但为了彻底执行宙斯的判决，普罗米修斯必须永远戴一只铁环，环上镶有一块高加索山上的石子。这样，宙斯可以自豪地宣称他的仇敌仍然被锁在高加索山的悬崖上。

盗火的普罗米修斯

此时，在普罗米修斯的庇护下，羽翼渐丰的人类却开始堕落，以致于宙斯不断地听到人类的恶行。宙斯降下暴雨，要用洪水灭绝人类。宙斯的弟弟海神波塞冬也亲自上阵，手执三叉神戟为洪水开路。顷刻间，水陆莫辨，整个大地汪洋一片。

人类面对滔滔的洪水无计可施，不是被淹死就是被饿死。只有普罗米修斯的儿子丢卡利翁事先得到父亲的警告，造了一条大船。当洪水到来时，他和妻子皮拉驾船驶往帕耳那索斯。这对夫妇善良并信仰神，宙斯见世界上只剩下了这对善良的夫妇，便平息了怒火退去洪水。

丢卡利翁与妻子见世上只剩下他们两个人，十分悲伤，向秩序与正义的女神忒弥斯求告。在忒弥斯的喻示下，他们转过身子，蒙住头，松开衣带，将石块朝身后扔去。奇迹出现了，石头变成了人。丢卡利翁扔的石块变成了男人，而妻子皮拉扔的石头则变成了女人。人类经过大灭绝之后，又再度得以繁衍生息，开始了新的生活。

上帝创世说

上帝创世

在一些西方人看来，很久很久以前世上本没有天地之分，上帝为了拉开差距才创造了天和地。刚开始时，天地间一片黑暗，无论做啥事，一点也不方便。于是上帝说："要有光。"很快，世界上便出现光明，而且有了明亮和黑暗之分。从而有了世界上的第一天。第二天，上帝觉得世界太寂寞了，他就在天地间创造了空气和水，于是世界上有了风雨雷

电，可水却淹没了整个世界。于是，第三天，上帝就把水集中到海洋里，露出陆地，用以生长树木花草和粮食。第四天，上帝看到世界很乱，他就造出

两个"大光"来分管昼夜，即太阳和月亮，同时还造了一大把星星撒在天空陪伴太阳和月亮。第五天，上帝看到世界缺乏生机，便在水中创造鱼虾等水生生物，在空中造了许多飞鸟，在大地上造了各类走兽等等。第六天，上帝一想昼夜是有了太阳、月亮分管了，可天地的生物要没谁来管，岂不乱了套？于是上帝赶忙依照自己的模样创造了人。第七天，上帝看着这生机盎然的世界满意地笑了。于是便去休息了。

拓展阅读

印度宇宙神话

印度神话描述宇宙之始，有一梵卵化为一人，即普鲁沙。普鲁沙有着数千个头、眼睛和脚，后来普鲁沙一分为三，就是三大神，大梵天（Brahma），大自在天（Shiva），以及妙毗天（Vishnu）。其中大梵天为宇宙之主，妙毗天是宇宙与生命的守护者。

在西方，这个故事世代流传，每星期七天的做法也由此而来。星期天休息、做礼拜实际上就为了感谢上帝的恩赐。

生命是雕刻出来的

人类起源从混沌中开始的说法，除了存在于华夏文明和古希腊文明中，在北欧神话中也有出现。

北欧神话中，关于世界与人类起源的说法是这样的：

传说在很久以前的洪荒时代，天地一片混沌，没有沙石、大海、天空和大地。在这一片混沌的中间，只有一道深深开裂着的、无比巨大的金恩加鸿沟。整个鸿沟里面是一片空荡和虚无。

在金恩加鸿沟的北方，是一片广大的冰雪世界，叫作尼夫尔海姆。在那里，浓雾终年弥漫在万年的冰封和积雪上，气候非常寒冷，天色黑暗。在金恩加鸿沟的南方，有一个称为摩斯比海姆的火焰之国，那里终年喷射着冲天火焰，大地被一片无比强烈的光亮和酷热所笼罩。火焰国中喷射出的火焰飞溅出许多火星，落在金恩加鸿沟的两岸上以及鸿沟旁堆积的冰丘上。冰块遇到高热

拓展阅读

北欧神话的流传

北欧神话最早流传在芬兰、瑞典、挪威及冰岛一带，甚至在北美及格陵兰岛，是日耳曼民族之一的斯堪的纳维亚民族（维京人的祖先）所创。8—11世纪，维京人威震全欧洲，是欧洲海上最可怕的海盗，这也是北欧神话的全盛期。13世纪以后，欧洲教会的势力大增，北欧神话开始失传，维京人也被强迫开始改信基督教、天主教，只在冰天雪地的冰岛，北欧神话还以诗歌及散文的形式，流传在吟唱诗人之间。

的火星后溶化成的水气，又被从尼夫尔海姆吹来的强劲寒风再次冻结起来。就这样循环重复，千百万年来，在火焰国的热浪和冰雪国的寒气不断作用下，这些冰丘慢慢地孕育出了生命——伊米尔。

在无尽的黑暗和弥漫的大雾中，伊米尔在混沌世界中徘徊，寻找食物。此后，他遇到了同样也在热浪和寒气作用下诞生于冰丘的一条母牛——奥都姆布拉。巨大的母牛身下流淌着乳汁，伊米尔就以奥都姆布拉的乳汁为食，而母牛则以舔食冰雪为生。

不久后，终日饱饮牛乳的伊米尔变得非常强壮。有一次，在他饮完牛乳沉沉睡去的时候，从他的双臂下面忽然生长出了一男一女两个巨人。接着，他的双足下面也生出了有六个头的邪恶巨人。从他的双臂下面生出来的巨人后来成了夫妻，生下了许多巨人子裔；六个头的邪恶巨人也有了许多后代。伊米尔自己也在此后生下了其他巨人。所有出自伊米尔的巨人都被称为霜的巨人，他们是巨人世界的主人，也是世界秩序的破坏者和神的敌人。

母牛奥都姆布拉不停地舔食着冰雪。一天，在它用力舔食石头上的一些盐粒时，忽然舔出了一些头发；第二天，一个完整的脑袋出现了；到第三天，母牛舔出了一个活生生的人形，这就是众神的始祖——布里。布里是一个高大英俊的神，强壮有力而性情温良。他不久生下了同样高大而雄壮的儿子博尔。

博尔长大以后，娶了女巨人培丝特拉为妻。不久生下了奥丁、威利和维三个儿子。

奥丁三兄弟逐渐成长起来，不再满足于生活在这样一片黑暗、寒冷和混沌的世界之中。经过一番计划后，三兄弟向伊米尔发动了攻击，并成功地杀死了他。当伊米尔轰然倒下的时候，从他的伤口中流出的鲜血汇成了一条巨大的血河。这条血河造成了洪荒世界里的第一场洪水，淹没了在伊米尔身边生活着的巨人。

奥丁三兄弟在杀死伊米尔后，开始了改造世界的计划。他们把伊米尔的巨大身躯肢解开，将肉体放在金恩加鸿沟的正中间，把填满鸿沟的肉体作为大地；又用伊米尔的血造成海洋和湖泊，用他的骨骼造成丘陵和山脉，牙齿和零碎的腭骨造成岩崖和卵石，头发和胡子造成树木和青草。

在大地造成以后，奥丁三兄弟又把伊米尔的脑壳抛向上空，形成天空；把他的脑浆抛散到天空形成云彩。为了不让天空从上方掉下来，他们派了四个侏儒分别到东、南、西、北四个角落，用他们的肩膀支撑住天空的四角。在创造了大地和天空以后，奥丁、威利和维又从南方的火焰国中采来了许多火星，把它们随意抛散到天空上。这些火星就停留在天空中，成为满天的繁

人类起源之传说

星，照亮了整个世界。

早在奥丁三兄弟还没有想到要用伊米尔的尸体创造世界的时候，从伊米尔腐烂的肉体中生出了许多蛆虫。这些蛆虫攫取他身上的精华，变成了富有灵性的生物。在奥丁等神的裁决下，他们都有了类似人类的形体和智慧。从尸体受光一面生长出来的蛆虫变成了光明精灵，从尸体背光一面生出来的则变成了黑暗精灵。

奥丁等神觉得世界上光有这两种有智慧的生命还不够，他们开始考虑创造一种完美的生物。一天，当奥丁、威利和维在海滩上散步的时候，海浪冲来了两截木头，一截是梣树，一截是榆树。奥丁三兄弟把它们捡起来后，觉得恰好可以作为创造生命的材料，便用刀把它们分别雕刻成两个人形。梣树被雕刻成男人的形状，榆木被刻成女人的样子。

树木成形后，三位神为他们注入了生命。奥丁首先把人形握在手中，赐给了他们生命与呼吸；威利接着赐给了他们灵魂与智慧；最后，维赐给了他们体温和五官的感觉。人类就这样诞生了。

你知道吗

北欧神话与英语中星期名称的关联

星期日（Sunday）：取自太阳 Sun。是古日耳曼民族祭祀太阳的日子。

星期一（Monday）：取自月亮 Moon。是盎格鲁-撒克逊（日耳曼人一支）人的月亮之日。

星期二（Tuesday）：是以战神提尔（Tiu 或 Tiw）之名而定。

星期三（Wednesday）：这个名字来自古代祭祀主神奥丁的日子（Woden's day）。

星期四（Thursday）：取自北欧神话中的雷神索尔（Thor）。这是古日耳曼人一星期中最神圣的一天。

星期五（Friday）：来自古英语（Frigedaeg），指的是女神弗蕾亚（Freyja）之日，或说是奥丁之妻弗丽嘉（Frigg）。

星期六（Saturday）：取自罗马神话的农神——Saturn。这是唯一和北欧神话无关的。

根据他们的由来，神把男人命名为阿斯克（意为梣树），女人命名为爱波拉（意为榆树）。众神让这对人类的始祖居住在四周由大海环绕的大地上并结成夫妻，生儿育女。从阿斯克和爱波拉开始，人类就在大地上一代一代地繁衍开来，一直延续到今天。

而另一边，伊米尔的后裔——智慧巨人密密尔与另一位女巨人生下了一个美丽、肤色黝黑的女儿，名字叫作"夜晚"。"夜晚"经常骑着骏马奔驰在群星闪烁的天穹上。后来，"夜晚"与掌管光线的黎明精灵相爱，生下了一个英俊而光彩夺目的儿子，名叫"白天"。从此，当晨曦开始照耀在大地和海面上的时候，"白天"就骑上他的骏马，向无边的苍穹奔驰而去。他的母亲则在此时回到宫殿里休息。

另有一个巨人生有一儿一女，分别叫作"月亮"和"太阳"。奥丁三神把这两个美丽的孩子从巨人国带走，分别交给他们两匹骏马和一辆大马车，让他们昼夜更替地在天空上巡行。称为"太阳"的女孩发着金光，跟着"白天"；称为"月亮"的男孩发着银光，跟随着"夜晚"。他们分别在天空上不停往复。就这样，大地上有了昼夜之分，也拥有了阳光和月光。

这就是北欧神话对人类起源的描述。北欧神话不如希腊神话那样著名，但在今天仍有流传。

真主造人

与基督教的"上帝造人说"如出一辙，在伊斯兰教的传说中，真主安拉是一位与上帝非常相似的神，他创造了世界与人类。

传说真主两天之内创造了大地。他在地上造了山川，并在那里降下幸福吉祥，接着又在四天内为需求者规定了生活所需。

随后，真主又造了众天使。接着，他又想创造阿丹及其子孙，让其居住在大地上。

众天使得知真主又要创造人类，便产生了疑虑，担心这是由于他们其中有谁违背了真主的意志造成的结果，于是请求真主让他们在大地上繁育传代，不要另外创造生灵。

真主一面安抚了众天使，一面坚持自己的决定，并要求众天使在自己创造阿丹并为其注入灵魂后向阿丹伏身下拜。随后，真主便用黑泥制造出阿丹，并将灵魂注入他体内，使其有了生命的气息，成为真正的人。

人类起源之传说

真主命众天使向阿丹跪拜，只有魔鬼伊卜里斯违背真主的命令，拒绝向阿丹跪拜。他认为自己比阿丹优越聪明，自诩没有任何人能与他相匹敌。真主对伊卜里斯的叛逆进行了惩罚，并对他下了诅咒。伊卜里斯怀恨在心，发誓要用手段诱使阿丹背叛真主。

为了保护阿丹，真主让阿丹和他的妻子住在天园，并向他默示："你要记住我对你的恩惠，我以自己超绝的本性创造了你，使你按我的意志成为人；我为你注入了我的精神，并要众天使向你下拜；我还给你智慧和知识。我已经取消了给恶魔伊卜里斯的恩惠，当他不服从时，我又贬斥了他。我已把这永久的天园作为你们的住所。如你服从我，将会得到我的好报，让你永居天园。如你背弃信约，我将把你从天园中赶出，予以火狱之苦。你记住：恶魔伊卜里斯是你和你妻子的死敌，他会设法把你们赶出天园。"

真主允许阿丹及其妻子任意摘取和食用天园里的果实，但禁止他俩接近其中的一棵树。为了防止他俩搞错，又明确地指出这棵树所在的位置。真主为了消除一切怀疑，警告说，如果接近此树并摘食树上的果子，他们就将成为叛道者。真主还许诺只要他俩远离此树，就会得到他所给予的舒适、富裕的生活，绝不会在天园中受冻挨饿，也绝不会遭受干渴和劳累。

伊卜里斯见到阿丹夫妇在天园里享乐，决心报仇雪恨。他溜进天园，游说和劝告阿丹夫妇靠近那棵树，竭尽诱惑和煽动之能事。阿丹夫妇终于被他的花言巧语所打动，上当受骗了。

真主对阿丹夫妇的背叛非常愤怒，命令他们离开天园。来到大地上生活的阿丹夫妇成为了真正的人类。他们生了两对孪生子女。两兄弟长大后娶自己的孪生妹妹为妻，生儿育女，人类从此繁衍开来。

知识小链接

日心说

日心说，也称为地动说，是关于天体运动的和地心说相对立的学说，它认为太阳是宇宙的中心，而不是地球。哥白尼提出的日心说，推翻了长期以来居于统治地位的地心说，实现了天文学的根本变革。

达尔文与《物种起源》

　　距离英国伦敦 220 千米、距离英国西海岸约 100 千米的地方，有一座古城，叫作什鲁斯伯里。什鲁斯伯里的近郊有一座三层红砖楼房坐落于塞文河岸的悬岩峭壁之上——当地有名的医生罗伯特·瓦尔宁·达尔文一家就曾住在这里。1809 年 2 月 12 日，达尔文医生迎来了他的第五个孩子——一个哭声响亮的男孩。全家人都沉浸在喜悦当中，盼望着这个孩子能继续医生世家的事业。达尔文医生给孩子起名为查理·达尔文。这时一家人还不曾想到，他们家的新成员因为一本《物种起源》被永久载入史册。

　　小达尔文从小就性格活泼。他喜欢收集矿物、贝壳、硬币和图章，并对自然很感兴趣，竭力要弄清楚各种植物的名称；他喜欢长时间地单独散步，专心致志地进行思考；他喜欢钓鱼，常常拿着钓鱼竿连续几个小时坐在河边；他还对哥哥所做的化学实验产生好奇，并且迷上了做实验。这些都很让父亲头疼不已，但最让他头疼甚至生气的还是小达尔文对小学教育的反感。在责骂无果的情况下，达尔文医生突然惊喜地发现：小达尔文对行医很感兴趣，也很有天赋。"也许儿子将来能踏着他父亲和祖父的足迹，成为一个高明的医生！"想到这里，父亲把达尔文送到爱丁堡医学院去学医。

伟大的生物学家达尔文

　　达尔文满怀憧憬地走进了医学院。但他很快发现，大学课程太枯燥乏味了，而且他也难以忍受病人痛苦的表情。于是，达尔文开始与自然学家及热爱自然的同学结交，加入普利尼学生自然史学会。对于自己的专业——医学，达尔文不仅经常逃课，甚至不参加考试和实习。儿子这种不务正业的行为令老达尔文非常恼火。他把儿子送到剑桥大学改学神学，希望他将来成为一个"尊贵的牧师"。

在学神学时期，有两本书对达尔文产生了重大影响：一本是天文学家约翰·赫瑟尔的《自然哲学的初步研究》，这本书激起了达尔文的一种愿望，就是要"用自己薄弱的力量为建立自然科学的大厦作一点贡献"。另一本书是亚·洪保德的《美洲旅行记》，这本书让达尔文意识到：旅行可以让他见识到更多奇妙的生物。

一次偶然的机会，英国政府为了寻找更多的资源和扩大市场，决定派"贝格尔"号考察船到世界各地做环球考察。船上需要一位博物学者，达尔文的老师汉斯罗推荐了他。达尔文当然非常愿意参加这次旅行。在动员亲友说服父亲之后，他的奇妙旅程开始了。

航行中，达尔文怀着巨大的兴趣进行了自然考察。除了地质学之外，使他同样感兴趣的还有：热带植物，即棕榈树，非常粗的波巴布树、香蕉树、甘蔗、咖啡树和大量的鲜花；各种鸟类、昆虫；色彩鲜艳的海生动物，如海绵和珊瑚；还有其他一些动物，如海兔和章鱼，他常沿着海岸观察这些动物的习性并细心加以收集。达尔文渐渐地发现：许多地方可以见到的物种，在不同的地方可能有不同的特点。为什么会出现这样的差异？达尔文开始了认真地思考。

"贝格尔"号考察船

达尔文最关心的还是收集陆上无脊椎动物和淡水无脊椎动物。他收集了很多漂亮的陆生扁平软体多肠目的标本，并对昆虫进行了大量的研究，对其习性进行观察。许多热带大型蝶类引起了他的兴趣，其中某些蝶类都有自己的习性特点：这些蝶类可以双翅张开成平面，在陆地上奔跑，发出很大的声音和噼啪声。由于对甲虫十分熟悉，达尔文毫不费力就发现里约热内卢附近的甲虫同美国的甲虫不是同一个科。他还发现了许多直翅目、半翅目和针尾膜翅目。他观察了黄蜂猎捕蜘蛛的情形：黄蜂把蜘蛛蜇昏，用这些蜘蛛来喂养它的幼虫。他收集了各种不同的蜘蛛，并对它们的习性进行了观察。

在马尔多纳多，达尔文发现这里的动物与他家乡的不同。家乡的许多动物一贯怕徒步而行的猎人，却不注意骑马或坐车走近的人；马尔多纳多的鹿则不会靠近骑马的人，对步行的人却警惕不高。为什么这里的鹿不怕步行的人而怕骑马的人？达尔文观察了很久，终于发现：当地居民都习惯于骑马来回走动，而这些居民也正是常来狩猎的人。这给了达尔文灵感：动物会因为人类习惯的不同而做出反应，对大自然是不是也是这样呢？动物的这种自我保护行为，是不是它们与其他地方的同类不同的原因？达尔文觉得自己快要接近自然法则的真相了。

根据考察过程中的不断观察，达尔文开始思考自然界各种生物之间的深入联系。1832 年，达尔文到巴西考察，攀登了南美洲的安第斯山。在海拔4000 多米的高山上，达尔文意外地在山顶上发现了贝壳化石。达尔文吃惊地想，海底的贝壳怎么会跑到高山上了呢？他猜想，这里的地面环境发生了巨大的变化，而物种也不可能一成不变，它们会随着外界环境、客观条件的不同而相应变异。

就这样，在"贝格尔"号上的旅行生活过了一年又一年，达尔文已成长为一名优秀的生物学家和旅行家，物种起源问题也就愈来愈广泛地在他面前展开了。他发现了许多贫齿目化石和邻近物种的地理分布，观察了动物的绝灭、动物的适应、动植物的相互斗争，为驳斥前人对物种所持观点的正确性提供了根据。达尔文越来越清楚地认识到物种是逐渐变化的，物种的形成是一个长期的自然选择过程。

达尔文漂泊于海天之间，跋

广角镜

枫丹森林古猿

枫丹森林古猿，又名枫丹林猿，是于19 世纪在法国发现已灭绝的猿，可以追溯至中新世中期。分布在欧洲，如西班牙及匈牙利。根据枫丹森林古猿的牙齿，估计它是吃水果的。它被认为是古灵长目的首个演化证据，是欧洲最重要的化石之一。

涉在密林与山地之中，不知历尽多少艰险，1836 年 10 月终于随船回到了英国，整个航程历时 5 年。就在他返回前，那些标本箱打着美洲、澳洲各城市的邮戳也源源不断地寄到了伦敦。5 年前离开时，达尔文还抱着对上帝的无限信仰和对自然的好奇想去收集一些标本。5 年后当他再返国门时，已将上帝抛到脑后，开始思索这一系列风光和标本的内在联系。回国后的达尔文一面整理这些资料，一面又深入实践，查阅大量书籍，为他的生物进化理论寻找根据。

达尔文整理了五年环球生活中积累的资料，出版了《考察日记》、《贝格尔舰航行期内的动物志》五卷、《贝格尔舰航行中的地质学》三卷。这几部作品的问世并没让达尔文满足。因为这些并未能充分地阐述他在考察中总结出的个人观点。因此，他计划写一部更能充分表达自己思想的著作。但他深感自己的专业知识还不够，于是他与地质学家赖尔联系，又找到植物学家霍克，与他们长期进行探讨。他还花费了十四年时间去搞科学实验，搜集研究资料，撰写自己的论文。他为自己安排了一套极严格的时间表，在工作时间内绝对闭门不出。为了弄清物种变化的原因和规律，达尔文选择了家养动物和栽培植物的科学实验方法。他细心总结育种学家、园艺学家和他自己家养动植物获得新品种的实验经验，逐渐形成了人工选择的新理论。他认识到各种不同的物种，可以由共同的祖先演化而来。进而他又提出了自然选择的理论。他还接受了马尔萨斯人口论，用"生存竞争"的观点来解释生物进化。

在写作《物种起源》过程中，英国生物学家华莱斯根据年轻时环球科学考察的经历也得出了与达尔文相同的结论，写了一篇论文寄给达尔文。达尔文感到震惊，决定把华莱斯的论文同自己的原稿提纲《物种起源》同时发表。

1859 年 11 月 24 日，《物种起源》终于问世了，全名是"通过自然选择即在生存斗争中适者生存的物种起源"头一次印刷的 1250 册，当天就销售一空。好像一个晴空霹雳，几天之内物种起源成了大街小巷人们见面就谈论的话题。在这部书里，达尔文旗帜鲜明地提出了"进化论"的思想，说明物种是在不断的变化之中，是由低级到高级、由简单到复杂的演变过程。

这部著作的问世，第一次把生物学建立在完全科学的基础上，以全新的生物进化思想，推翻了"神创论"和物种不变的理论。《物种起源》是达尔文进化论的代表作，标志着进化论的正式确立。

《物种起源》的出版，在欧洲乃至整个世界都引起轰动。它沉重地打击了神权统治的根基，从反动教会到封建御用文人都狂怒了。他们群起攻之，诬蔑达尔文的学说"亵渎圣灵"，触犯"君权神授天理"，有失人类尊严。与此相反，以赫胥黎为代表的进步学者，积极宣传和捍卫达尔文主义。指出，进化论轰开了人们的思想禁锢，启发和教育人们从宗教迷信的束缚下解放出来。

植物学家华生称达尔文为 19 世纪最伟大的科学革命家，他在评价《物种起源》时给达尔文写信说："关于猩猩和人类之间的连锁中断，您给我的答复正是我所预料的。用自然现象所作的这种解释，确实是我以前从来也没有想到过的。和人差不多的最初人种，同自己的堂兄弟（即近似人的人）发生了直接的、歼灭性的战争。这样就造成了连锁的中断，以后这种中断日益扩大，以至达到现在这样大的规模。这种意见，加上您的动物生命年表，将使许多人的思想大为震动！"

在引发社会各界的强烈反响后，达尔文并未停止对自己理论的传播。紧接着，他又开始他的第二部巨著《动物和植物在家养下的变异》的写作，以不可争辩的事实和严谨的科学论断，进一步阐述他的进化论观点，提出物种的变异和遗传、生物的生存竞争和自然选择的重要论点，并很快出版这部巨著。晚年的达尔文，尽管体弱多病，但他以惊人的毅力，顽强地进行科学研究和写作，连续出版了《人类的由来》等很多著作。

《物种起源》的出版正式开启了人类对生命起源的研究，而不同于以往的简单猜想。这本书是近代科学最坚固的奠基石之一。《物种起源》是达尔文的第一部巨著，也是生命起源科学领域的第一份重量级著作。这部著作的出版，不只对达尔文个人生活具有重大的意义，也是 19 世纪 50～70 年代大批有学问的人对生物界观点转变的开端，意义不亚于哥白尼指出地球在宇宙中的位置而实现的转变。

全书分为十五章，前有引言和绪论。十五章的目次为：第一，家养状态下的变异；第二，自然状态下的变异；第三，生存竞争；第四，自然选择（即适者生存）；第五，变异的法则；第六，学说之疑难；第七，对自然选择学说的各种异议；第八，本能；第九，杂种性质；第十，地质记录的不完整；第十一，古生物的演替；第十二，生物的地理分布；第十三，

人类起源之传说

生物的地理分布续篇；第十四，生物间的亲缘关系：形表学、胚胎学和退化器官；第十五，综述和结论。整本书就是"一个长的论据"，被用来论证整个进化论理论，特别是用来论证对进化原因给予最完美说明的自然选择理论。

在《物种起源》中，达尔文列举了大量事实，告诉世人自然界也有变异和遗传，自然界中代替人工选择的原因是"生存竞争，或者说是在生物按'几何级数'增殖的情况下不可避免的生存竞争"。

在达尔文以前，人们把动物结构的基础看作是体现在动物身上那些属于创世主的或者用"大自然"这个词所表示的某一整体的那些思想或计划。而达尔文则把有机物的各种形态看作是一连串事件结果的历史形成物。人们以前看到的只是某种器官的形成，而达尔文却解释了为什么形成了器官，为什么最复杂、最合理的适应性器官不受创世主的任何干预就形成了。

根据翔实的考证，达尔文在《物种起源》中得出结论：人类起源于某种低等生物，人类和其他哺乳动物的祖先是共同的，人类各种民族也是有其共同起源的。与此同时，还创立了人类最可信的假设系谱，并提出论据证明大大优越于动物智能的人类智能和动物智能之间只是在程度上，而不是在性质上有区别；人类精神方面的感情是由动物在某种程度上具有的那种共同本能和同情心发展而来的。

许多人特别是宗教界人士认为，人跟动物截然不同的特征是信仰上帝，因此片面地以为似乎任何人都有宗教信仰。达尔文认为：过去许多人种没有上帝的概念，甚至在他们的语言中也没有表达这一概念的词。宗教是在人类发展较晚的阶段中才产生的，而对在其他种族中普遍流传的对神的信仰，他解释为轻信。因为有了这种轻信，所以人们举出他们自己根据经验所熟悉的动机而发出的动作与动植物、无生命物和自然力中的动作和现象进行类比，由于对后者的动作和现象无法解释，所以就将其归之为一种肉眼看不见的物体。

达尔文的这些观点使所有拥护神创论的人愤怒起来。在神创论统治了世界几千年的情况下，要人们放弃"人在生物中处于完全特殊地位"这一思想是非常困难的。到处都有反对达尔文学说的人，在这些人的感情中甚至还是屈辱感占上风，他们感到屈辱的是：人不是上帝所创造的，而是来自猿或和猿同一个的祖先。

1860 年 6 月，"英国科学协会"在牛津召开会议。牛津主教韦勃甫司发表了一场讲演，演说中充满了对达尔文的冷嘲热讽，博得了与会者的阵阵掌声。当时，达尔文学说的坚定支持者赫胥黎也在场，因此韦勃甫司在结束演说时向赫胥黎提出了一个问题："赫胥黎教授是否认为他是通过他的祖父或者通过他的祖母而来自猿猴呢？"这个问题引起了哄堂大笑。赫胥黎接受了挑战，他很镇静地指出了这位主教在发言中所犯的许多自然史方面的重大错误，然后对这位主教最后提出的一个讽刺性的问题作了如下的驳斥："一个人没有任何理由因为他的祖先是一个猿猴而感到羞耻，使我感到非常羞耻的倒是这样一个人，他浮躁而又饶舌，他不满足于在自己的活动范围内所取得的令人怀疑的成功，而要插手于他一窍不通的科学问题，结果只能是以自己的夸夸其谈而把这些问题弄得模糊不清，并且用一些娓娓动听的但却离题很远的议论，以及巧妙地利用宗教上的偏见而使听众的注意力离开争论中的真正焦点……"

人类起源之传说

后来，恩格斯在《劳动在从猿到人转变过程中的作用》一书中对《物种起源》做了重要补充。他提出"劳动创造了人"的构想。也就是说：人类的产生和进化，是在劳动过程发展的影响下实现的，是在社会因素发展的影响下实现的。

《物种起源》的出版，在欧洲乃至整个世界都引起了轰动。它沉重地打击了神权统治的根基，宗教界对世界的控制由此越发无力，科学界对真理的探寻更加狂热，而普通人也受到了一次意义深远的科普教育。

达尔文的《物种起源》一书成了生物学史上的经典著作。如今，《物种起源》所提及的许多观点已成为人尽皆知的常识。达尔文的生物进化论后来不断地得到发展。20 世纪 40 年代初，英国人霍尔丹和美籍苏联生物学家杜布赞斯基创立了"现代进化论"。

现代进化论者摒弃了达尔文把个体作为生物进化基本单位的说法，他们认为应当把群体作为进化的基本单位。突变本身是物种的一种适应性状，它既是进化的动因，又是进化的结果，自然选择的作用不是通过对优胜个体的挑选，而是以消灭无适应能力的个体这一方式而实现的。现代进化论很好地解释了古典达尔文主义无法解释的许多事实。

人是怎么来的

从猿到人

REN SHI ZENME LAIDE

人和现代的类人猿是由共同的祖先——森林古猿进化来的。森林古猿最初在茂密的森林里过树上生活。后来，由于环境的变化，被迫下地来生活。下到地面生活的类人猿必须用后肢行走，促使手足分工，使前肢发展得更加灵巧有力。在发展变化中的这种猿人渐渐进化成新的物种，最后变成了原始人。原始人的发展过程，又分为三个阶段：能人；直立人；智人。由于生产的发展就进入现代人的阶段了。从森林古猿进化成为人类，是一个漫长的过程。

森林古猿

大约在2300万～1800万年前，在热带雨林地区和广阔的草原上，有一种古代灵长类动物——森林古猿活跃在那里，它们是人类最早的祖先。这些地区有的现在已成为火山活动的地区。人们对森林古猿的了解，很多是依靠从地下挖掘出来的化石和地质资料。非洲、亚洲和欧洲的许多地区都曾发现过森林古猿存在的遗迹和化石。

森林古猿

不是所有的森林古猿都是人类的祖先，它们也是现代类人猿猩猩、大猩猩和黑猩猩的祖先。"森林古猿"这个名词是为在那个年代中生活的所有古猿类起的。

森林古猿身体短壮，胸廓宽扁，前臂和腿一样长。前肢既是行走时的拐杖，也是用来悬挂在丛林间摆荡、摘取野果的器官。它们就像现在的黑猩猩那样过着群体生活。

人类的祖先是一些从树上来到地面生活的古猿，主要活动在森林边缘、湖泊、草地和林地间。地面的生活使它们的体型变大，骶骨也变得厚大，骶椎数增多，髋骨变宽，内脏和其他器官也相应地变化了，从而为直立行走创造了条件。这样，前肢可以从事其他活动，手变得灵巧，从而完成了从猿到人的第一步。这些都是在漫长的岁月里完成的。恩格斯把它们归入到形成人的三个阶段中的第一个阶段，即"攀树的猿群"。

腊玛古猿

古人类学家来到肯尼亚的特南堡，在一片远古遗存下来的地层中，发现了大量的颅骨化石和敲碎的兽骨化石，以及一些边缘有破损的石块。他们对化石进行了检查，找到了一种早就发现过的古猿化石，这就是腊玛古猿的化石。这是迄今发现的同类化石中年代最早的。

腊玛古猿生活在距今约1400万~800万年之间。美国耶鲁大学研究生刘易斯是腊玛古猿

拓展阅读

活化石

活化石是指一些与化石物种十分相近的现存物种，或是一些只从化石中了解到的生物被发现尚存在（最著名的例子是美洲鲎）。舌形贝、鲎（又称"马蹄蟹"）、水杉、银杏等都是活化石。

从猿到人

的第一个发现者，发现地点是在印度的西沃里克山区，时间是1934年。同类的化石在中国云南的禄丰、开远以及土耳其安那托利亚地区、匈牙利路达巴尼亚山区也有发现。化石主要是一些上、下颌骨和牙齿。

腊玛古猿

腊玛古猿的化石和当时的地层资料告诉我们，腊玛古猿主要生活在森林地带，森林的边缘、林间的空地是它们的主要活动场所。这是一种正向着适于开阔地带生活变化的古猿。野果、嫩草等植物是它们的重要食物。同时，它们也吃一些小的动物，把石头作为工具，用它来砸开兽骨，吸吮骨髓。由于腊玛古猿的肢骨还没有发现过，所以人们只能根据一些有关古猿的知识来判断，推测它们身高略高于1米，

体重在 15～20 千克之间，能够初步用两足直立行走。

腊玛古猿在人类祖先演化的历史中具有很重要的地位，是人类从猿类中分化出来的第一阶，恩格斯称它们为"正在形成中的人"。

南方古猿

在美国的原始丛林中，人们曾经碰到过可怕的"野人"。他们身上长着长长的毛，头上有一缕尖尖的发梢，身材高大，可以像人那样站立、行走和迅跑。埋伏在丛林深处的摄像机曾拍摄到一个"野人"洗手、取食的情景。一些学者认为，这些"野人"是南方古猿粗壮型的幸存者。

南方古猿至少有粗壮型和纤细型两种。一般认为，粗壮型是南方古猿发展中已经灭绝的旁支，而纤细型则是人类的祖先。南方古猿大约生活在距今 500 万～150 万年之间。

广角镜

湖畔南方古猿

湖畔南方古猿，又名南方古猿湖畔种，是一种南方古猿。它的首个化石只有一个于 1965 年在肯尼亚图尔卡纳湖东部渐新世地层发现的肱骨。这个标本被临时编入南方古猿属中，属于 400 万年前。

南方古猿化石最早发现于 1924 年，地点是在南非金伯利以北，那是一个幼年古猿的头骨。后来，在南非马卡潘山洞、唐恩等地和东非奥莫、奥杜威等地也有发现。这些化石主要是头骨、下颌骨、髋骨、牙齿、四肢骨等。粗壮型体重平均在 40 千克以上，脑量大于 500 毫升，身材较高。纤细型身材高约 1.20～1.30 米，脑量平均不到 450 毫升，体重平均在 25 千克左右。

南方古猿的牙齿、头颅、腕骨等和人相近，和猿类有显著的差别，可能已会使用工具和直立行走。粗壮型是蔬食者；纤细型是杂食者，肉类在食物中占有很大的比重。研究南方古猿，对于探索人类的起源问题具有重要的意义。

猿 人

1901 年，荷兰籍医生、解剖学家杜布瓦在爪哇梭罗河边发现了一种已绝灭了的生物的遗骨化石，它具有人和猿的两重生理构造特征。杜布瓦把它命名为"直立猿人"，认为这是从猿到人的过渡阶段的中间环节之一。这一发现和命名立即在世界上引起了一场关于人类起源的激烈的争论，这场争论一直到 1929 年 12 月发现了北京猿人才告结束。后来，我国科学家将同一进化程度的人类化石统称为猿人。

猿人分为早期猿人和晚期猿人。属于早期猿人的人类化石，有 1960 年在东非坦桑尼亚西北部发现的"能人"，1972 年在东非肯尼亚特卡纳湖发现的 KNM – ER1470 号人等，他们生活在距今 300 万～170 万年之间。属于晚期猿人的有印尼的爪哇直立人、莫佐克托人，欧洲的海德堡人，我国的元谋人、蓝田人和北京猿人等，生存在距今 200 万～50 万年之间。

元谋人牙齿化石

从猿到人

爪哇猿人

基本小知识

爪哇猿人，又称爪哇人，是生活在更新世的直立人。其化石遗存是荷兰古生物学家欧仁·杜布瓦于 1891 年在荷属印尼东爪哇省的梭罗河畔发现的。当时杜布瓦将其命名为"直立猿人"。

猿人的头颅、面貌像猿而四肢却很像人，已会直立行走。他们中间有的已懂得使用火，并以洞穴为家。他们的生活十分艰苦，使用比较粗糙的石斧和其他类型的砍砸器。

猿人是从猿到人的过渡阶段的中间环节之一，恩格斯称之为"完全形成了的人"。

能 人

原始人的发展过程，可以分为三个阶段：能人阶段、直立人阶段、智人阶段。

能人，意思是具有智能的人。能人时期是原始人发展的第一阶段，也是人脱离古猿祖先最初的阶段。这个时期相当于地质历史的第四纪初期，距今约 190 万年。这时的能人已初步学会制造和使用工具，具有了人的性质。因为他们制造和使用的石器都异常粗糙，在人类历史上又称为旧石器时代。

能 人

现在发现的能人化石，主要在非洲坦桑尼亚奥杜韦峡谷。能人这个名称，就是根据在这个地方发现的人类化石而命名的。在中国的云南省元谋县发现的元谋人，也相当于这个时期。

从已经发现的能人化石来判断，能人吻部突出，没有下颌，头盖低平，额向后倾，外貌很像猿，但脑量大于猿，身体也比现代猿高。他们的牙齿构造和排列方式和人接近，髋骨和肢骨也与人相似，表明已能直立行走，但不如现代人那样完善。身体还有些前倾，在迈步行走时，步态稍显笨拙。

在发现能人化石的地层中，同时发现有石器和使用过的兽骨，说明他们已能制造简单的工具。虽然那些石器是那样的简单原始，然而它却是人类出现的可靠证明，它标志着人类征服自然、改造自然的历史已经开始。人类考古学家还从地层沉积的性质和伴生动物群，推断出这些早期的人类生活在空旷的原野上，以狩猎为生。

基本小知识

旧石器时代

旧石器时代在古地理学上是指人类开始以石器为主要劳动工具的文明发展阶段，是石器时代的早期阶段。一般划定此时期为距今约 260 万年或 250 万年（能人首次制造出石器）至 1.2 万年前（农业文明的出现）。

直立人

直立人是原始人发展的第二阶段。他们具有比能人更接近现代人的特征。例如，他们的身材增高，脑量增大，面部和牙齿相对地较小，行为活动更为复杂，已能完全用两足直立行走。但他们的眉骨粗大，嘴部突出，形貌还有点像猿，所以也叫作猿人。直立人大约生活在距今 50 万年前。

目前发现的直立人化石有：中国的北京人、蓝田人，德国的海德堡人，阿尔及利亚的毛里坦人和坦桑尼亚的舍利人等。因为直立人化石和与其有关的器物发现得比较多，人类考古学家从而可以对这个时期原始人的生活情况做比较详细的描绘。

现在我们以北京人为例，说明这一时期原始人的特点和生活情况。

直立人

基本小知识

直立人的特征

比起能人，直立人的脑容积较大，前额没有那么斜，牙齿的体积亦较小。他们的特征与现代人相差不远，其脑容积约达智人的 74%，平均高度则约有 177.8 厘米。

在北京西南周口店一带，西面和北面是峰峦起伏的群山。东南面是一片开阔的大平原，北京人就居住在这里。

根据复原，北京人毛发浓密，体格粗壮，平均高度比现代人矮些。他们的面部比现代人稍短，前额比现代人低平而向后倾斜，鼻子宽扁，颧骨高突，眉骨粗大，嘴部前伸，没有明显的下颌，长着比现代人粗大的牙齿。这些都表现了原始的特征。但他们跟能人时期的原始人相比，已有了很大的发展。由于长期劳动的结果，他们的大脑显著地发达，平均脑量已达 1059 毫升。大脑的左边比右边略大，反映了他们习惯用右手劳动。从脑子的发展程度来看，他们已经有了语言。

周口店北京人遗址

那时候，周口店一带气候温暖、湿润，古老的周口河水面开阔，附近有湖泊或沼泽，水牛、犀牛常来洗澡，水獭、河狸时常出没。近处的山上，松、柏、桦繁茂成林；结小肉果的朴树和开小紫花的紫荆杂生于丛林中。成群的猕猴往来攀路，鹿和野猪匆忙跑过，身躯庞大的像卷着嫩叶，不时地提防长有獠牙的剑齿虎的出现。活跃于山林、横行于原野的虎、豹、狼、熊等猛兽，严重地威胁着北京人的安全。

试想在这样的环境下，原始人怎么能单独地生存下来？这就决定了他们只有依靠群体的联合力量，几十人结合成一个原始人群，才能抵御自然界的灾害和猛兽的袭击。在群居生活中，他们还处于没有限制的乱婚状态。这样的群体，是他们赖以生存发展的社会组织和基本的社会单位，这就是早期的原始社会。

北京人还不懂得做衣服，也不会盖房子，就住在天然洞穴里。由于季节变化或食物缺乏，一群北京人住上一个时期迁走了。经过很长时间，又有另一群北京人来这里安家。

狩猎是北京人的一个重要生活来源。在北京人住过的山洞里发现大批被打碎或被烧过的鹿类骨头，其中有肿骨鹿的，也有梅花鹿的。这说明他们曾经猎取不同的鹿作为食物。他们也捕捉其他小动物或软体动物，并采集植物的果实和根茎来维持生活。

狩猎方法大约是十几个年轻力壮的人一起，或藏在河边湖旁的树丛里，或躲在荒野的草地上，一旦野兽出现，便手持工具群起攻之，追而打之。这样原始的狩猎活动，其猎获是不稳定的，有时可以满载而归，有时却一无所获，有时反被猛兽伤害。

采集是北京人生活的另一重要来源。当时，这项工作大概是由妇女和体弱的人承担，他们往往冒着猛兽的威胁，踏遍附近的丛林和原野，去找寻可食的果实，或用尖木棒挖掘地下的块根，以作食粮。从北京人遗址中有许多朴树籽说明，漫山的植物果实，为他们提供了较丰富的食物。采集活动使他们的生活得到相对稳定。

北京人制造和使用的工具，已较能人时期略有进步。他们的工具有石器、骨器和木器。在出土的数万件石器中，主要是石片石器，大致可分为砍砸器、刮削器、尖状器等。当时，他们打制石器的方法，是用一块石头去敲击或砸击另一块石头，或者拿一块石头在另一块较大的石头上碰击，这样

北京猿人洞穴生活

就能打出一些可用的带刃石片。打出的石器，在用途上也不完全一样。例如砍砸器，主要运用于砍伐和加工狩猎用的木棒；凹刃刮削器主要适用于刮削尖木棒；尖状器和其他刮削器，可以用来切割动物的肉、刮肉剔筋等。北京人还利用兽骨和鹿角制成骨器，它和尖利的木棒都是北京人狩猎时使用的工具。

长期的艰苦劳动，使北京人逐渐懂得了用火。在他们居住过的山洞里，发现了上下数层（最厚层约 6 米）的灰烬，内有被烧过的紫荆木、朴树籽、各种动物骨骼和石头等，并且灰烬和烧过的东西是一堆堆在一定的区域内分布的。这些迹象表明，北京人用火时间已经很长了。他们能够利用天然的火种，使它延续不灭，他们已经具有了控制火的能力。

原始人学会用火，是很偶然的。火是一种自然现象，有时候因为雷电触击，有时候因为陨石堕地，有时候因为火山爆发，或在一定情况下物体的相互摩擦，都可能生火。当时的原始森林里，就时常发生天然的野火。当一场森林大火过去后，被火烧过的兽肉和植物的块根香味扑鼻，吃起来非常可口。于是，原始人就想到利用火了。

火的使用，是原始社会早期人类的一项重大成就。有了火，人类就可以吃到更加丰富、更易

拓展阅读

钻木取火

钻木取火是根据摩擦生热的原理产生的。木原料的本身较为粗糙，在摩擦时，摩擦力较大会产生热量，加之木材本身就是易燃物，所以就会生出火来。钻木取火的发明来源于我国古时的神话传说。燧人氏是传说中发明钻木取火的人。

消化的肉类熟食，从此结束了茹毛饮血的时代，这对于脑髓的发达、身体的强健起了重要作用；有了火，人类就可以抵御寒冷，得到温暖和光明，在任何气候下生活；有了火，人类还可以防御和围猎野兽，增强了同自然界斗争的能力。总之，火的利用，使人类掌握了一种自然力，成为人类战胜自然获得生存的强大武器。

北京人的生活虽然已较能人有所进步，但还是十分艰苦的。他们共同从

事劳动，共同分享微薄的劳动果实，过着简单的生活。他们对抗自然界的灾害的能力还是很有限的，所以，他们的寿命一般都不长，在周口店发现的大约 40 个北京人中，约有三分之一活不到 14 岁就死去了。但是，艰苦的生活锻炼了原始人，原始人就在和自然界的不断斗争中发展起来了。

智 人

智人是原始人发展的第三阶段，比直立人更接近现代人。从发展的先后来分，智人可以分为早期智人和晚期智人。

◎ 早期智人（古人）

人类社会发展到了距今二三十万年前的时候，进入到旧石器时代的中期，这时候出现了早期智人，即古人。这个时期的人类化石，最早发现的是欧洲的尼安德特人（1856 年发现），以后，相似的类型也相继在世界各地发现。古人的化石，在中国发现的有：广东韶关的马坝人、湖北的长阳人、山西襄汾的丁村人、贵州的桐梓人等。

知识小链接

马坝人的发现

马坝人是 1958 年在广东韶关市曲江区马坝镇西南三公里的狮子山石灰岩溶洞内发现的旧石器时代中期的人类化石，属早期智人。被发现的马坝人头骨可能是一位中年男性，呈卵圆形，无顶骨孔，眼眶上缘为圆弧形，鼻骨相当宽阔，远比现代人宽阔，头骨高度小，骨壁较猿人为薄，与尼安德特人相似。

古人的体质形态比起直立人进步得多了。例如，马坝人的前额较高，脑壳较薄，眉骨也没有北京人那样突出；稍晚的长阳人，上颌骨也没有北京人那样明显前突，而跟现代人大致一样；丁村人的牙齿，无论齿冠、齿根都比北京人的细小，牙齿咬合面也较简单，不过比现代人复杂。古人的大脑已相当发达，脑量不比现代人小，但脑形与褶纹不及现代人发达。

位于中国山西省襄汾县汾河沿岸的丁村遗址，是这一时期的富有代表性的文化遗址。

丁村人使用的石器以石片石器为主，大部分用角页岩制成，器形都较粗大，也有些小而薄长的石片。他们继续使用和改进了砍砸器、刮削器、尖状器；新出现了石球和富有特色的三棱大尖状器。石球可以系上绳索成为"飞石索"，在狩猎时抛出去

早期智人

缠住野兽的四肢。三棱大尖状器可以用来挖掘植物的块根。石器器形都较为规整固定。这个时期还可能出现一种复合工具——投枪，即用兽筋或藤条把锋利的石器绑扎在木棍上，投掷出去刺杀野兽的武器。

丁村人石器的进步，反映了他们狩猎水平的提高。当时，丁村一带生活着喜温的象和犀牛，可见气候比较温暖。附近有大面积的草原，山上有茂密的森林，生活着成群的鹿、野马、野驴、羚羊和熊、狼等，这些动物的化石在丁村人遗址中都有发现，它们是丁村人狩猎的对象。那时宽阔的汾河里，有各种鱼类和蚬、蚌，为丁村人提供了丰富的水生食物。尽管有了渔猎，采集果实和植物的块茎仍然是那时候原始人生活的一个重要来源。

古人时期原始人的社会组织，大体上已脱离了乱婚状况，进入血族群婚的阶段。这是人类社会的一大进步。这种婚姻关系是他们的社会组织的基础，也是从原始人群过渡到氏族制度的一个重要环节。氏族制度在这一时期就逐渐萌芽了。

◎ 晚期智人（新人）

晚期智人

晚期智人也叫新人。他们生活在距今大约 20 万年前，相当于旧石器时代的晚期。这个时期的人类化石，比较重要的，在欧洲有法国的克鲁马努人，在中国有北京的山顶洞人、广西的柳江人、四川的资阳人、内蒙古的河套人等。

新人在体质形态上已逐渐消失了直立人遗留下来的原始性。例如，由于手的劳动和用脚直立行走的结果，肢骨的管壁逐渐变薄，髓腔逐渐扩大。他们的前额隆起，眉骨薄平，下巴明显，整个面部由倾斜变成了垂直状态。颅顶增高，脑壳变薄，脑结构趋向复杂和完善，脑量跟现代人差不多。所有这些，都说明他们具备了现代人的基本特征。

在中国，具有代表性的新人化石，是山顶洞人。

山顶洞人是 1933 年在北京周口店龙骨山上的山顶洞内发现的，他们大约生活在距今 2 万年前。在这里发现的人类化石，共代表八个男女老少的不同个体。他们鼻骨较窄，有鼻前窝，颧骨比白种人稍突，有下颌圆枕等。这些说明山顶洞人具有原始黄种人的特征，他们和在中国其他地方发现的同期新人都是中华民族

广角镜

最为久远的晚期智人

晚期智人，是人类演化的一个阶段。晚期智人约出现于 20 万年前，由早期智人演化而来。目前已知年代最为久远的晚期智人遗存，是 1960 年在埃塞俄比亚南部奥莫河谷发现的人类化石，包括两块破碎头骨及手、腿骨等，距今约 19.5 万年。

的直系祖先。

这时候人们的劳动经验和技能比前人有所提高，生产工具有所改进。制造石器除沿用以往的石锤直接打击法外，新出现了一种进步方法——间接打击法，就像用凿子似的，把骨、角或木质的棒状物一端顶在制造中的石器上，再用石锤敲击棒状物的另一端，这样可以制成均匀规整、刃部锋利适用的工具，同时还可以打出形体细小的石器。以刮削器为例，就有圆刃、双刃和凸刃、凹刃等多种形式。骨角器的数量

你知道吗

梅花鹿的药用价值

梅花鹿全身是宝，鹿茸、鹿鞭、鹿血、鹿肉、鹿胎、鹿脂、鹿筋、鹿尾、鹿角、鹿骨、鹿皮等，均有药用价值，都是《本草纲目》上有记载的可供药用的名贵中药。目前在中国东北辽宁、吉林等地，已经大批量养殖梅花鹿以供药用。

也增多了。尤其在骨角器和装饰品上加以磨光、钻挖孔眼，是制作技术方面较重要的突破。山顶洞人遗址中，发现有一种骨针，残长8厘米多，针眼很细，表面刮磨光滑，就是这种新技术下的产物。更重要的是在同时期的山西省峙峪遗址中，发现了打制的石剪头，这说明那时的原始人已懂得使用弓箭。弓箭的发明，使当时的人们取得了一种决定性的武器。有了这种武器，人们对抵御野兽的侵袭就更有把握了，同时也可以打到更多的野兽，扩大了生活来源。

在反复使用打、磨、钻的方法制造器具的过程中，人们观察到打击石块产生火花、摩擦发热的现象，长期经验的积累和创新试验，使他们终于发明了人工取火。这是人类征服自然的又一重大胜利。这比起他们的前人仅仅懂得利用天然火种，是大进了一步的。人工取火，标志着人类支配了一种自然力，对自然界的控制能力增强了，从而也使人在自然界中的位置大大地提高了。

在山顶洞人的洞穴里，发现了大量的梅花鹿和野兔以及少量的野马、野猪、羚羊等动物化石，它们都是山顶洞人的猎物，甚至狡猾的狐狸也逃脱不了他们巧设的陷阱。显然，山顶洞人的狩猎经济已有了发展。山顶洞人捕鱼

水平也有了提高，能够捕捞到长约80厘米的鲩鱼，还有河蚌和海蚶。从这些方面看，他们的活动地区相当大，活动能力相当强，说明他们和自然作斗争的本领大大地提高了。但是，这些方面仍然不足以维持生活，他们还要采集植物的果实和块根作为重要的生活资料。

生产的发展，使山顶洞人的物质生活得到了改善。在他们的遗址里，发现有大量的兽骨，说明他们的食物来源增加了。

骨针的发现，说明人们已能用兽皮缝制衣服。装饰品的出现，表明人们的爱美观念已经产生。山顶洞人把海蚶壳、兽牙、砾石和骨料等材料，加以磨制、钻孔、串联起来，佩戴在胸前。

随着原始人经济的发展和人口的增长，这个时期的社会组织就相应地由原始人群转变为氏族社会。当时，实行的是一个氏族和另一个氏族的兄弟姊妹之间相互通婚的制度。在这种群婚制度下，子女只知其母，不知其父，血缘关系只能按母系区分，这就是早期的母系氏族社会。

和山顶洞人同期的新人，分布在世界各处。由于他们所处的环境条件不同，如地带、气候、湿度、阳光等方面的差异，于是逐渐形成了现在世界上各色各样的种族。

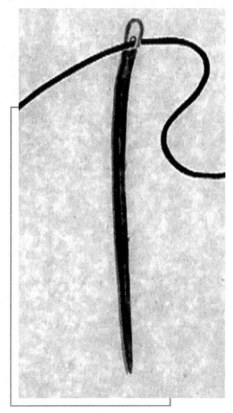

山顶洞人发明的骨针

由能人发展为直立人，再由直立人发展为智人，这是原始人发展的过程。以后，就进入现代人的阶段了。把原始人发展的历史分成三个阶段来介绍，只是为了容易理解而把它简单化。事实上，人类的发展绝不像上述那样简单。发展的过程也很难截然分成这样几个阶段，而是错综复杂，在进化过程中有曲折，在发展过程中有先后的。

换句话说，不是古猿、能人、直立人、智人这样一条直线地前进，恐怕要像树枝一样，在人类发展过程中有许多旁支，而只有其中的一支伸长到最高处，进化成现代人类。其他的旁支，因为生活环境的不同，发展方向稍有差别，就在某一个阶段上停止发展而灭绝了。例如，形形色色的古猿从树上下到地面上来以后，就开始了大分化，形成各种古猿。但到现在为止，我们还没有充分的证据证明哪一支古猿是现代人的直接祖先。我们只能说某种古猿与现代人的祖先很相近。同样，由能人到直立人，由直立人到智人，其中也有不少分化，我们不能肯定哪一支人就是现代人类的直接祖先。实际上，不少人类学家，在论及人类起源的历程的时候，都否定了死板的链式进化模式，而倾向于开放的树形进化模式。

劳动的角色

REN SHI ZENME LAIDE

　　人与动物的最本质区别在于劳动，即劳动创造了人，这也是从猿进化到人最重要的过程。古猿随着双手逐渐变得灵巧，双脚也发展得更加适应于直立行走。由于劳动，引起了手和脚的分化，使得人直立起来，从而解放了肺部和喉头，古猿的发音器官逐渐得到改造，有可能发出一个清晰的音节，这就产生了语言。劳动和语言又给人类思维活动的物质基础——脑髓的发达以强有力的推动。

直立行走

距现在大约 3000 多万年以前，亚、非、欧的热带和亚热带的原始森林，像海洋一般望不到边，浓密的树荫把天空都快遮满了。那时候，古猿成群地生活在树上。它们满身是毛，两耳尖耸，以果实、嫩叶、根茎和小动物之类作为主要的食物。古猿的前肢已初步分工，它们善于在树林间进行臂行活动，能用前肢采摘果实，并会使用天然木棒、石块，用树枝和树叶在枝丫间筑巢，偶尔也下地，勉强地用后肢站立行走。

知识小链接

猩 猩

猩猩，也叫人猿、红猩猩、红毛猩猩，灵长目人科的一属。与人类十分相近，与人类基因相似度达 96.4%。通常不用声音沟通，多为几个个体在同一个区域活动，但彼此不干扰，平均寿命约 40 年，平均身高 171~180 厘米。

后来，地球上发生了"沧海桑田"的变迁，气候也有变化。在亚洲和非洲，大面积的森林地带变成了稀疏的林间草原。生活在这里的古猿，由于环境的变化和适应能力的差别，产生了分化。一些古猿，适应不了变化的环境灭绝了；一些古猿，从森林的边缘退向深处，继续在树上生活，它们的后代，就是现代类人猿——猩猩、大猩猩和黑猩猩等。而另一些古猿，随着自然环境的变化，成群结队地来到林间草原，开始长期的地面生活，朝直立行走的方向发展。这些直立行走的古猿，后来就进化成人类。

从树上生活到地上生活，从攀缘活动到直立行走，这是从猿进化到人的具有决定意义的第一步。

自然，古猿并不是一下树就能直立行走的。在地上行走时，它们逐步摆脱了用前肢帮助行走的习惯，并渐渐地学会了用后肢来走路。它们一定是经过半直立才到全直立的。它们直立的时间，也不可能是划一的。它们下树有早晚，直立有先后，参差不齐，有快有慢。这样，经过了几十万年，古猿才能逐渐把支撑全身、移动全身的任务交给后肢来负担，前肢才向手的方向发展，后肢才逐渐专门用来行走。手脚分工为直立行走创造了条件，而直立行走又反过来促进了手脚的进一步发展。古猿就这样逐渐从四脚行动，变成了两脚直立行走，完成了从猿到人的具有决定意义的一步。

古猿直立后，视野扩大了，便于观察周围事物，更有利于适应环境。只有在身体直立以后，前肢才能充分得到解放，并转化为手；也只有在身体直立以后，肺和声带才获得解放，为脑和发音器官的发展提供条件。

但是，能够直立行走的古猿还不能叫作人。把人和猿区分开来的根本标志是劳动。

劳动的角色

双手的解放

人的双手是在劳动中从猿的手演化而来的，这一演化过程是从猿到人的重要环节。

猿的手和下肢相配合，十分适于在茂密的丛林地带作攀缘动作。它们用双手抓住树枝，摆动着身体，从一棵树荡到另一棵树，这种行动方式叫臂行。臂行使猿手的四指很长，形成弯曲的钩状，极利于攀住树枝；大拇指很短，可以配合其他四指握住物体，但不能与其他四指对握捏拢。这就使猿手难以像人手那样可以拿住各种形状的东西。猿在行走时采取半直

趣味点击

长臂猿：臂行如飞

为什么说长臂猿"臂行如飞"呢？首先，它的名字就突出了它手臂长的特点。第一，它的手臂比身子长，占其身高的三分之二以上；第二，它的臂长超过它腿长的2倍以上。

它靠手臂长的特点形成了"臂行法"，成为了它独占鳌头的本领。它在行走时，两条长臂攀着树枝，像荡"秋千"似的，一荡悠就很轻松地荡过10来米，如此两臂交替摆荡，速度极快。

立姿势，这也需要上肢的帮助。

自古猿从树上下到地面，逐步改变了自己的生活方式时起，它们的身体结构同时也开始变化。直立行走，使猿手从辅助行走的负担中解放出来，从事与脚根本不同的许许多多事情：抓取食物，擎起木棒、石块，加工和使用原始的工具。这样，猿手变得越来越灵巧了。当制造出第一件工具时，作为运动器官的猿手就被改造成为劳动器官，成为人手了。

劳动使人手和猿手有很大的差别。人的双手十分宽大，手指较短，有很发达的拇指。拇指基部与手腕间的关节十分灵活，使它可以作出外展、内旋和弯曲的动作，与其他四指的动作十分协调，可以对握，能精确、灵敏地抓住任何细小的东西。手指上皮纹变得很细腻和紧密，感觉的可靠性更高。指骨变直，末端指节变宽，这是由于人手不仅仅是抓握树枝的运动器官，而且是主要从事创造、劳动的器官。

大脑的进化

 趣味点击 **人类的脑量**

科学研究发现，人类在进化过程中，脑量的增长与体重的增长呈正相关。例如，从南方古猿到现代智人，脑量与体重随着进化而相关地增长。又有研究发现，人脑量的增长和体表面积成正比。例如，南方古猿身材小（成年个体体重约25公斤），头也小，但其相对脑量接近现代智人。现代智人的绝对脑量比南方古猿重3倍，而体重只大2倍。也有研究认为，脑量进化可能与生活方式相关，人类生活方式的改变，可能是促进人类脑量进化增长的因素。

人脑是动物界高度发展的产物，任何动物的脑都不能与人脑相比。人脑在每秒钟内会形成约10万种不同的化学反应，形成思想、感情和行动。人脑中的1亿个神经细胞，每天可记录约8600个资料。人类的大脑之所以有这样高度的发展，是与猿脑发展进化这一漫长的历史过程有关的。

从森林古猿到早期智人的脑量变化在300～1200毫升之间，黑猩猩和猩猩的脑量为400毫升，现代人脑量平均在1400

毫升左右。这说明在从猿到人的发展过程中，脑量是不断增大的。脑量增大的主要部分是前脑中的大脑，而大脑是人类高级神经活动最重要的部分。

从猿脑到人脑的发展变化，是与古猿、猿人的行为方式的逐步复杂密不可分的，而劳动则是其中主要的原因。古猿从树上下到地面以后，取食、防御敌害等行为方式都发生了较大的变化。当他们逐步掌握了制造工具的手段即从事劳动以后，行为方式更为复杂，大脑接受外界事物刺激的信号也越来越多，判断分析综合的能力也愈强，这样大脑也越来越发展起来。在共同的劳动中，产生了语言，使大脑的抽象思维能力发达，这是猿脑发展为人脑的一个重要因素。

拓展思考

动物之间有语言吗？

语言是人类用来交流的最重要方式。其实，语言并不是人类所独有的，其他的动物之间也有"语言"，但是它们"语言"的表现方式各式各样、千奇百怪。很多动物都能发出声音，例如小猫的喵喵声、蜜蜂的嗡嗡声等，这些都是它们的"语言"。除了用声音表达，你还知道它们用什么来传递信息吗？

劳动的角色

语言的产生

语言是人类思维和表达思想的手段，是人类最重要的交际工具，也是人类区别于其他动物的本质特征之一。其他动物只能使用简单的发音和动作进行交流，然而人类的语言正是在这种简单音节的基础上，在共同劳动的过程中产生的。

在从猿到人的进化过程中，在共同的劳动和生活中，人们相互之间沟通的需要日益增强。在这种情况下，简单的音节已不能很好地很准确地表达思想和进行交流，于是多频率、多音节的语言也就逐渐产生。同时，人的发音器官、接受器官和理解器官的机能也日趋成熟。由于人的这种社会性和机能的进化与人类劳动有紧密的联系，所以劳动是语言产生和发展的

动力之一。

现代语言分为印欧语系、汉藏语系等，同一语系按各语言之间亲属关系的远近，可分为若干语族，以下可再按关系亲疏分为若干语支。共同的语言又常是民族的特征。

火的使用

最初，我们的祖先就像野兽一样，一群群地住在深深的洞穴中。他们采集植物的根茎和野果子，捕捉小动物，靠生吃这些东西过日子。那时候，原始人和大自然斗争的本领还很小，他们常常挨饿，还要躲避猛兽的伤害。实在弄不到食物的时候，甚至还会发生人吃人的事情。我们的祖先并不甘心过这样的苦日子，他们认识着周围的世界，增强自己改造自然的本领。生活也在改善着，不过这个过程实在太长，几千年、几万年也看不出什么大的变化。

可是，自从出现了火，又学会使用火以后，他们生活的面貌就改变得比较快了。火对人类的发展起了很大的作用，这一点从许多古老的传说中也能看出来。我国古代流传着燧人氏钻木取火，教人熟食的故事。希腊神话中也有一个给人类带来火种的叫普罗米修斯神，流传甚广。

传说，是普罗米修斯从主神宙斯那里盗取了天火，送给人们以后，人类才学会了用火。

火当然不是普罗米修斯从天上偷下来的。自然界本来就存在着火。但是，在100多万年以前，火还是一种使人类祖先感到害怕的自然现象。

人类是在和大自然的长期斗争中，学会使用火的。

起初，原始人吃够了火的苦头。大火烧毁了他们生活的森林，害得他们四处奔逃。有不少人甚至葬身火海。但是，坏事也能变成好事。一场大火过后，原始人找到许多烧死的野兽。他们毫不费力地填饱了肚子，还有了一个重大发现：烤熟的肉比生肉好吃得多。火的余烬使人感到暖烘烘的，大家都舍不得离开它。火能取暖，这是人们对火的又一个认识。这样，年纪大的人试着把火种引进山洞。他们慢慢懂得，把火种放到枯枝败叶上，会燃起更大的火。丢进去的柴越多，火烧得越旺。火堆使阴冷的洞穴又暖又亮。更使原始人惊喜的是，有了火，和人类抢洞穴的野兽也不敢闯进来了。

　　人类就这样逐渐学会了用火取暖、照明、烧烤食物和驱赶野兽。世界上最早使用火的人，是生活在大约170万年前的中国元谋猿人。原始人在使用火的时候，也逐渐学会了保存火种。50多万年前的北京猿人已经具有管理火和保存火种的能力。人类制造火，大约是从旧石器时代中期开始的。在打制石器的时候，石头相互撞击，经常会发出火花。一次、两次、千百次，也没有引起人们的注意。偶然，有人用黄铁矿或赤铁矿打击燧石，迸出的火花落在干燥的树叶堆上竟然点着了它。人们受到了启发，找来同样的石块，一次又一次地试

被缚的普罗米修斯

验，终于学会了用撞击法取火。到了旧石器时代的末期，人们又发现了摩擦取火，用两块木头相互摩擦，发出火来。这就使火的使用更加方便和广泛了。人类在征服自然的过程中，把神话变成了现实，他们不必再像普罗米修斯那样历尽艰辛、舍身盗火了。

知识小链接

黄 铁 矿

　　黄铁矿，主要成分是二硫化亚铁 FeS_2，是提取硫、制造硫酸的主要矿物原料。浅黄铜色，表面带有黄褐的锈色，颇似黄金。其特殊的形态色泽，有观赏价值。一些黄铁矿磨制成宝石也很受欢迎。

　　有了火，就能经常吃到熟食，这不但增强了人类的体质，促进了人脑的发达，而且扩大了人类食物的来源。许多豆类，生吃有毒，熟食对人体有益。

原始人用火烤食物吃

生鱼很难下咽，用火烧熟就变成美味的食品。

火的使用帮助人们更密切地合作。原始人成群结队外出打猎，有时候会遇见非常凶猛或数量很多的野兽，一群人很难对付。火就成为一种求援的信号。火光、浓烟把更多的人召唤来参加围猎。这种用火作信号的联络办法，人类曾经长期采用。我国古代，在万里长城上修筑了烽火台，每座相隔一定距离。发现敌人入侵，一台燃起火把，邻近的一些台上也跟着立即举火报警。这样，就可以很快告诉全线士兵做好准备。直到现代，人们在遇到危难的时候，还常常用火作为一种报警、求救的方法。

最重要的是，有了火，金属的发现和冶炼成为可能了。人类最先学会了炼铜，用铜制造工具。后来，人们无意中把铜矿和锡矿一块儿冶炼，得到了一种更坚硬的合金，这就是青铜。在发现金属铁以前，青铜成了人类用来做工具和武器的最好材料。人们广泛使用青铜的时期，叫作青铜时代。

铜矿、锡矿比较稀少，所以青铜器也不能大量制造。铁矿差不多到处都有，可是冶炼它需要很高的温度。所以人们先发明了炼铜，然后才学会了炼铁。

学会制造青铜器和铁器以后，人类征服自然的能力大大提高，特别是铁器的使用，很快改变了人类生产的面貌，推进了古代社会的进步。所以恩格斯把古代民族所经历的铁器时代称为

广角镜

世界各地进入青铜时代的时间

世界上最早进入青铜时代的是两河流域和埃及等地，始于公元前 3000 年。希腊和中国于公元前约 2500 年进入青铜时代，欧洲较晚，约在公元前 1400 年。美洲并没有青铜时代，因为欧洲探险家将铁直接引进，使美洲直接从石器时代跳至铁器时代。

"英雄时代"。

由石器时代过渡到青铜器和铁器时代，火的发明和使用是关键。从这里我们可以体会到，火的出现对我们人类有着多么深远的意义。

制造工具

在很早以前，人类的祖先已经懂得利用简单的自然物体作为工具。他们拣取石块、木头、树枝和兽骨，用于生活。现在知道，最早懂得利用天然工具的是生活在1000万年之前的腊玛古猿，它们用石头敲碎动物的骨头、头颅，吸吮骨髓。利用天然工具是人类远祖与灵长类其他动物的共同特点，制造工具则是人类与其他动物的根本区别。

劳动的角色

知识小链接

人的骨髓

骨髓是人体的造血组织，位于身体的许多骨骼内。成年人的骨髓分两种：红骨髓和黄骨髓。红骨髓能制造红细胞、血小板和各种白细胞。血小板有止血作用，白细胞能杀灭与抑制各种病原体，包括细菌、病毒等；某些淋巴细胞能制造抗体。因此，骨髓不但是造血器官，它还是重要的免疫器官。

原始工具

至少在200万年以前，人类的祖先已能够制造工具，但这一本领是在一段十分漫长的时间内学会的。在征服自然的斗争中，随着生活范围的日趋扩大，敌害越来越多，人类的祖先逐渐懂得改造自然物体，以满足自己对工具的要求。他们先是模仿自然，然后有目的地将自然物体改变成一定的形状，从而制造出第一批工具。木头、树枝、石头、动物骨骼是他们最容易得到的，也是比较容易改造的，所以，原始的工具多以这些东西作为材料。由于石头和骨头比木质物体耐久，因此有一些石质和骨质的工具得以保存到了现在。

人类的劳动就是从制造工具开始的，它导致了人类体质和文明的重要发展，在从猿到人的进化中具有重要的意义。

采集和狩猎

采集和狩猎是人类最早的两种经济生活方式。在十分遥远的年代，早期人类主要生活在草原和森林的边缘地带，那里有极为丰富的自然资源。由于生产力低下，人们就单纯地依靠自然界的赐予，采集野生植物的根、茎、叶、果实，猎取动物，作为食物。在现代发现的许多早期人类遗址中，都相应地发现了一些古代动植物的化石，它们大部分是早期人类有意识地采集和猎取来的。

广角镜

最古老的犀牛化石

至今为止所发现的最古老的犀牛化石是在始新世（距今5500万～3600万年前）早期的地层中挖掘出来的，此种犀牛的祖先与现代貘类的大小差不多，犀牛祖先之一森林犀牛在欧洲曾广泛存在过，个体很小且善于奔跑。

采集和狩猎这种生活方式主要盛行于旧石器时代。由于这种生活方式不能保证人类对食物的需求，使早期人类处在饥饿困苦的境地，不能够大量繁殖。在那个时期，十几岁就夭折了的人很多。

考古发掘证明，植物在早期人类的食物中占有较大比重，以后动物的比重加大，大到剑齿虎、犀牛、象，小到老鼠、蚂蚁，无一不是他们猎取的对象。在这种生活方式下，男子一般集体从事狩猎，妇女们主要从事采集。

采集和狩猎的生活方式在后来逐渐分化，发展成为原始农业和原始畜牧业。

在很久很久以前，早期人类在长期的采集劳动实践中，逐渐发现了一些植物一岁一枯荣的特有现象，知道按期采集它的果实、根、茎充饥，熟悉了一些植物的生长规律，并

生活在河边的原始部落

摸索到栽培的方法，从而产生了原始农业。

开始从事原始农业的是那些肩负采集重任的妇女。她们使用石锄、石斧、蚌锄等工具进行耕作，从事刀耕火种的原始农业生产。亚洲、非洲和美洲都分别出现了农业村落，欧洲在稍晚时也出现了农业。最古老的农作物有：美洲印第安人培植出的玉米、马铃薯、甘薯，亚洲和非洲人培植出的小麦、大麦、水稻、棉花、粟，欧洲人培植出的小麦，等等。玉米的原始作物是大刍草，约在 7000 年前培植成功。小麦和大麦约在距今 9000 年前培植成功。

拓展阅读

五谷指什么？

五谷原是中国古代所称的五种谷物，后泛指粮食类作物。其内容主要有两种。一种说法是稻、黍、稷（粟）、麦、菽（大豆）。而根据《大戴礼记》的记载，五谷是麻（大麻）、黍、稷、麦、菽。现在所谓五谷，实际只是粮食作物的总名称，或者泛指粮食作物罢了。

早期人类在长期狩猎的劳动实践中，为了补充食物，时常有意将一些幼小的野生动物带回家中饲养，逐渐发现有一些动物可以驯化成家畜，从而出

劳动的角色

现了原始畜牧业。

　　狗、山羊最早被驯化，其次是猪、牛、驴、马，再后是火鸡、鸡。可是，世界各地驯化野生动物为家畜的时间并不是一致的。以狗的驯化为例，美洲约在距今 14000～9000 年间，伊朗约在距今 11000 年前，丹麦约在距今 6800 年，中国约在距今 6000 年前。中国是最早驯养家畜的地区之一，在距今约 7000～6000 年前的河姆渡遗址中，就有大量的家猪化石出土。约在距今 5000～4000 年前，中国驯化了野鸡。

　　原始农业和原始畜牧业的出现，使人类能够通过自己的劳动来增加动植物的生产，生活有了保障，人口不断增长，开始过着比较安定的生活。

人类进化的痕迹

REN SHI ZENME LAIDE

　　任何事物只要出现过，就会留下痕迹。科学工作者们就是凭这个亘古不变的真理探索着人类进化的痕迹。近代科学最早发生在欧洲，考古学也是如此。人们在欧洲获得了大量早期人类的化石，譬如海德堡人、尼安德特人和克罗马农人的化石，为我们提供了一条比较清晰的人类进化脉络。在亚洲，人们也发现许多重要的化石，为人类进化理论作出了重要的贡献。就在对这些化石质疑的时候，非洲考古给予了令人振奋的消息，再一次证实了人类是由古猿进化成人的。

　　通过对古人化石的研究，会发现人类与动物的相关性，而且基因科学提供了类人猿就是人类的祖先的证据。对化石的发现与研究并不仅限于此，更为重要的是，它使我们发现了不同人种的起源。

欧洲的发现

近代科学最早开始于欧洲，考古学也是如此。

欧洲考古工作展开之后，人们获得了大量早期人类的化石。其中最著名的是海德堡人化石和尼安德特人化石。

基本小知识

海德堡人

海德堡人是人属当中一种已灭绝的生物物种，他们掌握的石器技术与属于直立人的阿舍利石器技术相近。可能是欧洲尼安德塔人的直接祖先。而海德堡人的祖先，则可能是欧洲的前人。

海德堡人化石的出土地点在德国海德堡市东南 10 千米的毛尔村，该村位于涅加尔河支流埃尔塔斯河之畔。当地的基岩是三叠纪地层，第四纪的砾石层覆于其上。1907 年 10 月 22 日，在一座挖取砾石的砂坑 24 米深处，发现一件人类的下颌骨化石，与其一同发现的还有些哺乳动物化石，包括象、马、猪、

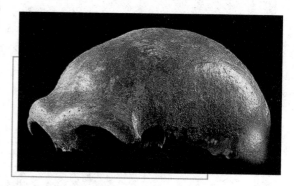

尼安德特人化石

鹿、熊、野猫等，因而确定此化石层的时代为中更新世早期，距今约有 40 万年了。

这是一件相当粗壮的下颌骨化石，额部明显后退，与一般直立人十分近似，附着其上的牙齿比较完整，虽与现代人相近，但个儿比较大。下颌的后部上枝极大而低矮，侧面视之近四方形，两枝之间的凹窝甚浅。

尼安德特人是在 12 万 ~ 3 万年前冰河时期、居住在欧洲及西亚的人种，其遗迹最早是于 1856 年在德国的尼安德谷所发现的。

尼安德特人生活图

科学家通过对化石的研究确定：尼安德特人身高 1.5 ~ 1.6 米，颅骨容量为 1200 ~ 1750 毫升，现代人则为 1400 ~ 1600 毫升。尼安德特人额头平扁（眉弓到发际线的距离比现代人短得多）；下颌角圆滑，下巴并不像现代人那样前突；骨骼强健，有着耐寒的体格；肱骨与尺桡骨的比例，以及股骨与胫骨腓骨的比例比现代人大，这是典型的适应寒冷气候的解剖特征。

尼安德特人不仅生存能力较野兽有明显的提高，而且思维活动也有了质的进步。例如，他们既有能力杀死凶猛的野兽，同时又把它们尊为神灵。也就是说，他们已经有了灵魂的概念。不仅如此，他们也已经懂得了情感和友谊，例如照顾老人和残疾者，而不是像以前那样抛弃他们。在他们的坟墓中还发现了鲜花和礼物等随葬品，这说明他们的精神世界已经相当丰富。直到今天，这些传统仍然在北极的土著居民中广为流传，这就有力地表明：尼安德特人很可能是人类历史上首先越过北极圈的人类。

你知道吗

什么是狼狗?

狼狗是狗和狼交配所得的动物。因为从生物学的角度讲狗和狼属于学名为 Canis lupus 的同一个物种，因此狼狗与骡子不同，并非杂种，故它们具生育能力。在古代，狼狗只会因母狗在发情期时逃走与公狼交配而得到。

尼安德特人的遗迹从中东到英国，再往南延伸到地中海的北端，都有所发现。这些遗迹有骸骨、营地、工具，甚至艺术品。

自从 1856 年人们第一次发现尼安德特人的化石以来，尼安德特人一直是一个吸引公众兴趣的谜，对尼安德特人的各种猜测一直不断。从许多方面来看，尼安德特人可称得上是原始人类研究中的恐龙。与恐龙一样，尼安德特人也是突然之间销声匿迹的，它们消亡的原因也一直是学者们争论不休的话题。

尼安德特人为何会被现代人取而代之？有人认为，答案在于语言。如果没有复杂的语言技巧，以及与之相应的发达的大脑结构，要创作出精雕细刻的骨器、石珠、个人装饰物以及抽象和具象的原始岩洞壁画几乎是不可能的。

考古学家将尼安德特人的骨骼拼组起来，发现尼安德特人的发声系统与黑猩猩一样，是一种单道共鸣系统。这种系统的发音能力很差，声道结构决定了它不能正确和清晰地发出元音。因此，尼安德特人即使有语言，也是口齿不清，这就影响了语言的发展和交流的进行，影响了群体的生存能力。考古学家对这一现象的解释是：大约在 10 万年以前，现代人类的祖先和尼安德特人一同游荡在地球上，当时人类祖先与尼安德特人的脑容量相差无几。不过在体力上，人类祖先却没有尼安德特人强壮。根据当时的判断，被淘汰的应该是人类的祖先。但是到了距离今 14000 年前，人类学会了利用被训练过的狼狗来帮助发现外患的入侵。这样，人类的嗅觉逐渐退化，这种退化使得人类在发音方面得到进化。互相沟通的能力使原始人能更有效地从事狩猎等合作活动，他们在分享食物源地信息方面也更具优势。这对于平安地度过严冬来说是至关重要的。

知识小链接

冰河时期

冰河时期是地球气候长期低温、极地冰盖覆盖大陆的地质时期，至少持续数千万年。冰河时期内又分为若干次冰期与间冰期。目前地球气候仍处于末次冰河时期（称为第四纪冰河时期）的一次间冰期当中，目前没有证据表明地球正在走出末次冰河时期。

也有人认为尼安德特人的灭绝，是因为无法承受最近一个冰川时期急剧下降的温度。

当最后一个冰河时代到来的时候，欧洲大陆一度水草丰美的地方变成了一片荒漠，那些身躯庞大的物种，如猛犸、红鹿等都开始向南方迁徙。尼安德特人的狩猎方式已经远远不能适应环境的变化。由于饥饿的困扰，再加上其他自然灾害和威胁，尼安德特人最终走向灭亡。

尼安德特人是介于直立人和现代人之间的人类，对于证明人类是进化而来具有重要意义。

在尼安德特人灭绝的地层里，考古学家发现了克罗马农人化石。其后的考古发现证明，克罗马农人是继尼安德特人之后生活在欧洲的晚期智人。

克罗马农人化石最早发现于法国的克罗马农山洞。据认定：他们的体质形态基本上和现代人相同，下颌明显突出、颚深、臼齿窝深，头部已经发达到没有猿类形状的遗留。其特征是额高而弯，颅顶高而宽大，脑型圆而丰满，脑容量平均为 1660 毫升，在现代人平均脑容量之上，脑内纹褶与现代人也没有差别，具有相当高的智慧。克罗马农人头骨的特点是长头与宽脸相结合，眼眶低矮成角形，鼻梁高，狭窄的鼻子在脸上显得特别地突出。

根据克罗马农人的肢骨估计：他们的体格强壮，身长 1.82 米，肩宽胸厚，前臂骨比肱骨长。克罗马农人行走时已能完全直立，动作迅速灵活，四肢发达，适于雕刻和绘画。现代的欧洲白种人就是由克罗马农人进化而来的。

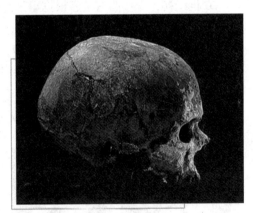

克罗马农人化石

克罗马农人具有杰出的艺术天赋，在许多山洞中留下了辉煌的艺术。他们往往在洞壁上选择一些磨圆了的平面，用黑色、红色或泥土精心绘制出各类动物，如马、野牛、犀牛以及他们最爱捕食的驯鹿等，使之能产生某种立体效果。这些作品具有惊人的艺术技巧，笔法苍劲、准确逼真。

另外，克罗马农人还有一个非常重要的特点或者成就，那就是他们几乎扩展到了全世界。大约 18000 年以前，当地球上最后一个冰川期达到顶峰时，几乎三分之一的陆地都为厚厚的冰层所覆盖。那时的海平面比现在要低 120

多米，白令海峡并不存在，而是被一片1600多千米宽的陆桥所代替。这不仅便于环北极各大陆之间的动植物互相交流，还使得欧亚和美洲大陆之间动植物的外形或构造极为相似，而且也为人类的扩展提供了便利。因此，当时的克罗马农人便从欧洲出发，通过亚洲迁移到了美洲，然后从阿拉斯加往南一直扩展到了南美洲最南端的火地岛。他们是后来印第安人的祖先。

　　海德堡人、尼安德特人和克罗马农人的化石在欧洲的发现，为我们提供了一条比较清晰的人类进化路线。这是对神创论的重创，也是对进化论的极有力的支持。

亚洲——人类的伊甸园

　　很久很久以前，人类的祖先就在亚洲大陆扎堆生活，使亚洲成为孕育生命的伊甸园。它们为何选择这里作为栖息地，这里的最早居民又是谁呢？

　　20世纪初，一些西方学者根据第三纪以来哺乳动物进化与自然环境变迁的情况，推论认为亚洲这块广阔原野在遥远的过去是孕育人类的"伊甸园"。因此，许多国家纷纷组织考察团进入亚洲地区，试图找到人类进化的线索。一时间，亚洲考古热席卷了世界古人类学界和古生物学界。

　　提到亚洲人类考古，首先要提到印度的腊玛古猿。因为腊玛古猿在人类祖先演化的历史中有很重要的地位，是人类分化出来的第一阶段。

腊玛古猿

　　腊玛古猿是美国耶鲁大学研究生刘易斯1934年在印度的西沃里克山区发现的。同类的化石在中国的绿丰、开远遗址也被发掘出来，化石主要是一些上、下牙齿。

　　化石和当时的地层资料告诉我们，腊玛古猿主要生活在森林地带，森林的边缘、林间的空地是它们的主要活动场所。这是一种正向适于开阔地带生活变化的古猿。野果、嫩草等植物是它们的重要食物。同时，它们也吃一些小的动物，把石头作为工具，用它来砸开兽骨，吮吸骨髓。由于腊玛古猿的肢骨还没有发现过，所以人们只能根据一些有关古猿的知识来判断，推测它们身高约 1 米，体重在 15～20 千克之间，能够初步用两足直立行走。

亚洲人类考古发现最多的地区还是中国。

最早在中国境内开展考古发掘的著名学者是法国采集家桑志华（本名黎桑）。从 1914 年开始，他就在黄河流域进行了多年的考察活动，在陇东黄土高原地区发现了丰富的三趾马动物群化石，又在甘肃庆阳北面的更新世晚期（距今 13 万～1 万年前）的黄土堆积中发现了三件古人类打制的石制品。不久，桑志华根据别人提供的线索，在鄂尔多斯高原的东南角发现了闻名于世的萨拉乌苏遗址。他经过对这个遗址先后两次的调查和发掘，发现

拓展阅读

黄 河

黄河，中国古代称河，发源于中国青海省巴颜喀拉山脉，流经青海、四川、甘肃、宁夏、内蒙古、陕西、山西、河南、山东 9 个省区，最后于山东省东营市垦利县注入渤海，全长 5464 公里，是中国第二长河，仅次于长江，也是世界第七长河流。

了非常丰富而且保存良好的披毛犀、河套大角鹿、旺氏水牛、野驴、羚羊、骆驼等 33 种哺乳动物以及鸵鸟等 11 种鸟类化石，同时还发现了一批旧石器和一颗人类的上门齿化石。动物化石组合说明：萨拉乌苏遗址的时代应为更新世晚期（用放射性同位素方法测定其绝对年龄为距今 35000 年左右）。此外，桑志华和法国古生物学家德日进还在宁夏灵武县一个叫作水洞沟的地方，发现了一个非常丰富的旧石器时代晚期文化遗址。

与此同时，从 1921 年开始，由著名博物学家和探险家安德鲁组织并领导的美国自然历史博物馆亚洲考察团在戈壁滩上，用了整整十年的时间寻找人类进化的踪迹，采集到大量第三纪哺乳动物化石，证明这片荒凉的土地在远古时期曾是生物的乐园。

瑞典著名的地质学家安特生也曾一度投身于对中国的考古热潮之中。他先后发掘了辽宁省锦西县（今葫芦岛市）沙锅屯洞穴遗址和著名的河南省渑

人类进化的痕迹

渑池县仰韶遗址之彩陶罐

池县仰韶遗址。又到甘肃各地考察，发现了许多新石器时代晚期和铜石并用时代的村落、墓地遗址。后来，他又与加拿大解剖学家步达生共同对北京周口店进行了考察，发现了"北京人"的存在。

种种早期人类考古的发现，都证明了猿人的存在是不容置疑的，人类是由古猿进化而来的理论有了进一步的事实依据。

对中国境内的考古展开之后，因为收获颇丰，考古学家又将目光对准了中亚。

1938 年，考古学家在乌兹别克的捷希克塔什发现了著名的早期智人幼童化石。20 世纪 60 年代起，在这一地区进行了有计划的调查和发掘，发表了许多专著和论文。旧石器时代早期的材料不多，仅发现一些类似于南亚索安文化的砾石和石片工具，年代在距今 20 万～13 万年之间。旧石器时代中期有一种进步的以莫斯特类型石器为特征的石片文化，年代大约距今 6 万年，在个别遗址还发现了早期智人化石。中亚旧石器时代晚期的遗址较少，仍然保留着中期石片文化的特征。这一时期的发现主要有卡拉套遗址和拉库蒂遗址，还有一些地表采集物。

知识小链接

硅质灰岩

硅质灰岩，为内源沉积岩。隐晶质结构，主要矿物成分为方解石，因含硅质而硬度高，是石灰岩中最难风化的岩石。因而其分布区，石壁陡峭，不见土层或土层浅薄，植被很少。

卡拉套遗址的石制品发现于地表 64 米以下的深处，共发掘出 200 余件石制品，包括石核、石片和石器。石器类型有用砾石和石片制作的粗大的单面砍砸器和留有大部分石皮的刮削器。大部分石制品没有第二步加工的痕迹，做工比较粗糙，这是典型的旧石器时代早期特征。

拉库蒂遗址位于卡拉套遗址以东，石制品出自地表以下 63 米的黄土层中。该遗址出土的石器，打片技术要比卡拉套遗址的进步，石器类型有比较规整的砍斫器和一些锯齿状工具，但也属于旧石器早期的东西。

这两座遗址从文化关系上虽然看不出与东亚、东南亚的旧石器有直接联系，但其特点明显接近东南亚而不是西方。

在中亚发现的旧石器遗址中，处于旧石器时代中期的最多，共发现和发掘了这一时期的遗址 78 个，主要分布于土库曼斯坦、乌兹别克斯坦、塔吉克斯坦和吉尔吉斯斯坦等地区，都是距今约 6 万年的遗址。著名的捷希克塔什洞穴遗址便归于此类。该洞穴宽 20 米，深 21 米，人类居住的时间相当长。从发掘出来的化石可以看出，那时这里的人类用硅质灰岩制作石器，狩猎的对象主要是山羊，也有野猪、马、鹿、豹和飞禽等。他们已经学会了用火，还会用兽皮缝制衣服。在一个八九岁早期智人幼童的墓葬中，还发现了大山羊角、一些石器和动物化石等陪葬品。这说明这一时期的人类具有了很高的智慧，拥有丰富的感情。

中亚的遗址中，最著名的是舒格诺乌遗址和撒马尔罕遗址。

舒格诺乌遗址位于塔吉克斯坦境内亚克苏河畔。人们在此发掘出大量的棱柱状石核、石叶、刮削器和尖状器等，在遗址中发现的其他动物化石表明，这一时期的人类主要以捕猎野马、野牛、绵羊、山羊和土拨鼠为食。

撒马尔罕遗址规模更大，共出土 7000 多件石制品，皆为典型的石器时代晚期石制品，还发现了晚期智人的两块下颌骨残片和两颗牙齿。

在中亚地区发现的石器时代原始人遗址，在与其他地区的遗址相互印证后，可作为人类进化的主要证据。

在印度尼西亚的桑吉兰，考古学家发现了早期原始人类化石。后来，50 种化石先后在这里被发现，包括远古巨人、猿人直立人、直立人，占世界已知原始人类化石的一半。这些化石证明：这里曾经是人类先祖的重要聚居地。尤其重要的是，这里有爪哇猿人化石中保存最好的原始人类头盖骨，迄今为止也是唯一的一块成年男性的头盖骨化石。这是人类进化理论的一个重要证据。

非洲，人类起源的三大发现

在人类考古学的历史上，对欧洲和亚洲区域的考古活动最为频繁，收获也很多。但遗憾的是，在这些地区发掘出来的人类化石，存在许多断档的情况，这使进化论的正确性受到了广泛的质疑。就在对进化论的质疑愈演愈烈的时候，从非洲传来了一个个令人振奋的消息。其中有三大发现是震惊世界的，在其他地区也从未发现过。

1924 年，南非的汤恩石灰岩采石场的工人在爆破时炸出了一个小孩的不完整的头骨化石，保存有部分颅骨、面骨、下颌骨和完整的脑模，颌骨上保存了全部乳齿和正在萌出的第一恒臼齿。这块头骨化石被命名为"汤恩幼儿"。

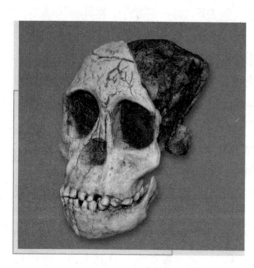

"汤恩幼儿"化石

汤恩幼儿有许多似猿的性状，例如大脑容积约 500 毫升，比较小（与一个大的成年大猩猩的脑子一样大小），上下颌骨向前突出。同时，他又具有一些似人的性状，例如上下颌骨不像猿那样向前突出的厉害，颊齿咬合面平，犬齿小。最为重要的是，枕骨大孔（是头骨基部的开口，脊髓通过此孔进入脊柱）接近颅底中央，与人类相同。人类和猿类枕骨大孔位置上的差别，反映了人类与猿类不同的行走姿势：人类两足行走，头平衡于脊柱的顶端；而猿类四足行走，头向前倾。因此，汤恩幼儿是两足行走的。其生活的时间估计为 250 万年前，当时被认为是最早的人科化石。

汤恩幼儿在头骨眼窝的底部有一个小洞和几条锯齿状的裂缝，这是非洲冕雕"作案"的典型特征。据此有专家推测，当时的汤恩幼儿可能就是死于冕雕的袭击。

基本小知识

冕 雕

　　冕雕是非洲的一种最凶猛的雕。它头上的冠状羽毛，更增加了它的威严，其实只要看看它捕食的猎物，就足以说明它的凶猛和力量。它们非常适应在丛林里捕捉猎物，长尾巴使它们机动灵活，而短翅膀则使它们能从窄缝中穿过。冕雕栖息于热带草原、森林地区；单独或成对生活。

　　死于冕雕爪下的猎物遗骸有一些共同特征：头骨顶部凹陷有裂口，这是它的爪子抓出来的；旁边有锁眼状的伤口，这是它的尖嘴啄出来的；最具区别性的特征就是眼窝底部的小洞和裂纹，这是它在用爪子挖出幼儿的眼睛并用嘴啄食其脑子时留下的"罪证"。"汤恩幼儿"化石的最新发现与这项研究中所描述的情形几乎毫无二致。而此前科学家们一直认为"汤恩幼儿"是死在豹或者其他陆地猛兽的爪下。

　　"汤恩幼儿之死"谜团的破解，对于研究人类进化也有着重要意义，这说明人类当时的天敌不仅有走兽，还有飞禽。这个发现让人们了解到人类远祖时期的生活，他们生活的环境和他们所害怕的动物……人类曾经被禽类所猎食，这推动了人类行为的改变。

　　专家们猜测：人类之所以要尝试直立行走，有一部分原因是想把自己的目标变小，好躲避大鸟们的视线，或扩大自己的视野，以便尽快发现来袭的敌人；而人类开始群居也可能与这些猛禽有关，因为它们总是习惯捕捉最弱小的猎物。人们聚集在一起时能够集中防范，更能发挥集体的力量。

　　在发现汤恩幼儿化石若干年之后，1974年从埃塞俄比亚阿法尔盆地又传出了令世界震动的消息：最早能直立行走的人类化石被发现了。根据骨骼的形态分析，这是一位年仅20岁的女性，生活在距今330万年以前的时代，她是目前所知人类的最早祖先。为了庆祝这一发现，考察队当晚热播甲壳虫乐队的《钻石天空中的露西》，狂欢之后，这具化石被取名为"露西"。露西的完整性达到40%。在当时，10万年以前的古人类化石中，还从来没发现过如此完整的。

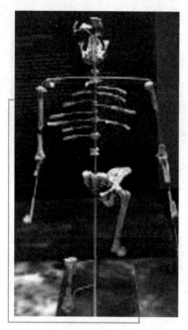

人类的始祖"露西"

330 万年以前的露西生活在怎样的环境里呢？她又为何在 20 岁时就早早死去呢？考古学家做出了有趣的猜想：330 万年前的某个夏天，阿法尔盆地草木茂盛，这里有一片凉爽而潮湿的稀疏草原。不远处的火山在冒着滚滚浓烟。南方古猿露西眺望着太阳即将沉下去的方向，等待着孩子的归来。男人们用天然木棍猎取羚羊或者用捡来的石器切开其他动物的胸腔。

露西有三个孩子，其中两个在跟父亲打猎时不小心被猛兽吃掉了，剩下的一个孩子野性十足，总喜欢私自跑出去玩……露西也许过分担心她的孩子，就在她转身想回到洞穴的一刹那，失足落入水潭……她没办法从水中逃脱，她的四肢没那么强壮和灵巧。于是，露西就这样挣扎着沉入水中。

就这样，330 多万年后的 1974 年，露西重见天日，不明不白地成为"人类的祖母"。

科学家经过复原测算，小巧玲珑的露西身高约 1.2 米，体重约 40 千克，属于南方古猿阿法种，是会直立行走但不会制造工具的"前人"。从其脊椎骨的变形来判断，她已开始患有关节炎和其他一些骨骼病症。

非洲大地古老而神奇，露西的发现是空前的。但很快，考古学家在埃塞俄比亚再次有了新的发现。

2000 年 10 月，考古学家在埃塞俄比亚北部发现了一具迄今为止最古老且保存非常完整的人科女童化石，被命名为"塞拉姆"。"塞拉姆"属于南方古猿，这是人类进化过程中最早的物种，生活在距今 420 万～300 多万年前之间。专家们戏称她是露西的女儿。

大部分科学家认为：南方古猿已经能够直立行走，但有一点却众说纷纭，即它是否还保留着猿类爬行和在树上灵活穿梭的能力，如果失去了这些能力，就意味着南方古猿处在了人猿的分界线更靠近人的一边，将是证实人类是由猿进化而来的重要依据。根据目前的初步分析，虽然"塞拉姆"的下半身很接近人类，但她的上半身更像猿类：肩胛骨像大猩猩；颈部短而粗，像是类人猿；内耳槽类似于黑猩猩。而她的手指像黑猩猩的一样长而弯曲。主要研究者之一的弗雷德·斯普尔教授表示：还没有有力证据显示"塞拉姆"保留着爬行的能力。化石中非常罕见地保留了舌骨，这种舌骨也类似于黑猩猩。

基本小知识

阿法种南猿

南猿最早的类型是阿法种南猿。除直立行走外，还带有较多的猿的特征。他们不能制造石器；脑量较小，只有400毫升；牙齿虽似人型，但犬齿差别较大。他们被认为是后期纤细型南猿的祖先。

虽然塞拉姆死亡时年仅 3 岁，但却已经具备了阿法南猿的特征。例如她的口鼻部突出、鼻骨窄等特征，与 1924 年南非出土的头骨化石"汤恩幼儿"非常相似。

专家对阿法南猿的行动模式很感兴趣，但过去出土的化石都令人困惑，因为他们的形态特征像是一个人与猿的拼接体，塞拉姆也一样。接近人类的下半身必然能够直立行走，但是接近猿的上半身是否也适应树上生活，这就引起了争论。争论的焦点是：虽然阿法南猿的下半身已适应两足行走的行进模式，但他们的上半身仍然保留了许多原始特征，这些特征更适合树栖生活，例如长长的、弯曲的手指。争论的

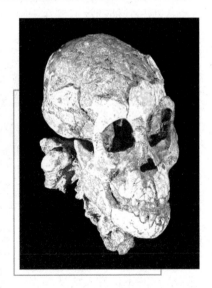

"塞拉姆"头骨化石

一方主张，阿法南猿完全在地面上生活，他们上半身适于树栖的特征，不过是树栖祖先遗传下来的进化包袱；另一方则反驳说，要是阿法南猿几十万年

人类进化的痕迹

都摆脱不了那些显著特征，那么就表示那些树栖特征还很重要——换言之，阿法南猿还没有完全生活在地面上。

塞拉姆与其他阿法南猿一样，两腿适于行走，手指适于攀爬，而且其身体结构中许多特征都适合攀爬。也许当时这种人属族群就是既能在陆地上直立行走，又可以在树上攀爬的，是古猿从树栖到直立行走的过渡阶段。

汤恩幼儿、露西和塞拉姆化石的发现，为证明古猿从树栖到直立行走，再到进化成人，提供了有力证据。这些化石让学者们不禁浮想联翩，而我们也似乎能想象出古猿进化成人这一恢弘的历史画面。

人类与动物的同源性

人类是如何进化而来的？是否进化的每一步都在人身体上留有痕迹？这些看似微不足道的遗存，正是生物进化最有力的证据。

人类与其他动物不仅在天赋与能力上有着相似性，在身体结构上也几乎如出一辙，这是进化留下的痕迹。我们通过种种对比就可以看出。

知识小链接

人体的骨骼

人体的骨骼具有支撑身体的作用，其中的硬骨组织和软骨组织皆是人体结缔组织的一部分。成人有206块骨头，而小孩的较多，有213块，由于诸如头骨会随年龄增长而愈合，因此成人骨骼个数少一两块或多一两块都是正常的。

很早就有人对人和鸟的骨骼系统作了比较，发现人和鸟尽管在外形上极为不同，骨骼组成却非常相似，这可能是历史上的第一次比较解剖学的研究。当然，这并不是说人是从鸟类变来的。但这至少证明人和鸟在某种程度上具有亲缘关系，都是一个祖先的后代。

在中学的生物课上，我们曾经学到过这样的内容：用于劳动的人手、用于奔跑的马腿、用于走路的猫腿、用于游泳的鲸"鳍"、用于飞翔的蝙蝠翅膀甚至鸟的翅膀，它们的外形千差万别，各有不同的功能，但是剔除皮毛、肌肉之后，呈现在我们眼前的骨架却又是如此相似。实际上，它们的骨架和蜥蜴、青蛙的前肢也是相似的。

对此最好的解释就是这些动物是从同一祖先变化而来的，由于适应环境的需要，同一部位改变了外形。但肉体、皮肤的改变容易，骨骼的改变却很难，因此不同生物的骨骼才呈现出如此惊人的相似。

不仅骨骼，人类与其他动物的很多组织、器官也是相似的。许多生物都存在着一些退化了的器官，它们也是生物进化最令人信服的证据。例如鲸，它的后肢已经消失了，但它的后肢骨并没有消失，我们还可以在它的尾部找到已不起作用的盆骨和股骨，甚至在一些蛇类中，我们也可以找到盆骨和股骨的残余。这些部位是鲸和蛇完全不需要的，但他们还是具有这样的骨骼。如果鲸和蛇本就是神创造的，就无法解释在它们体内为何会存在盆骨和股骨。唯一能令人信服的解释就是：鲸是由陆地四足动物进化来的，蛇也是如此。

人类已完全退化的器官也不少，尾骨、转耳肌、阑尾等等都是退化、不起作用的器官。而这些器官存在的痕迹证明：我们的祖先曾经是有尾巴、耳朵很大并能够转动、以植物为食的。

人类进化的痕迹

研究动物胚胎的学者也给我们提供了生动的证据。通过把鱼、青蛙、龟、鸡、猪、兔和人的各个时期的胚胎放在一起，科学家发现这些胚胎存在着不同程度的相似性，而且关系越亲密，相似的程度就越高。这些脊椎动物的胚胎，在发育的早期都出现了鳃裂，不仅外形像鱼，而且内脏也像鱼。完全不同种类的动物，为什么胚胎几乎无异？唯一合理的解释，就是这些脊椎动物都是由同一种生活在水中的生物进化来的，胚胎在发育的过程中重现了祖先的某些特征。

你知道吗

胚胎指什么？

有性繁殖的生物体里，一旦精子与卵细胞结合，卵子就变成受精卵，并同时拥有精子和卵子的DNA。植物、动物、部分原生物中，受精卵会自发细胞分裂，并形成一个多细胞的生物体。胚胎指的就是这个发展形成过程的最初阶段，从受精卵开始第一次分裂，到下一阶段发展开始前。

科学家们又做了另外一个实验。小鼠早期胚胎的某个区域会长出牙齿，如果把这个区域的组织切下来单独培养，并不能长出牙齿。科学家们从鸡的胚胎切下一块表皮组织，与小鼠的牙齿区域胚胎组织放在一起，培养几周后，他们发现小鼠的胚胎组织长出了类似爬行类的牙齿。鸡的表皮为什么会使小鼠的胚胎组织长出爬行动物的牙齿？这简直是难以理解的。但进化论可以给出解释：鸟类是由爬行类进化来的，始祖鸟和白垩纪的鸟类都还像爬行类那样长着牙齿，而现代鸟类的胚胎还在一定程度上保留了这个特征。

人类有大脑，许多动物同样拥有大脑，大多低等的动物也有由神经细胞构成的类似组织；人类有心脏，大多数动物同样有心脏，就连蚯蚓这样的小虫也不例外。人体中没有哪一个器官是只有人类才有而其他动物没有的。为什么会这样？如果世间万物是由神创造的，就不可能如此地千篇一律。就连人类自己创造时都力求避免雷同，何况是被描述成万能的神呢？

说到人类与动物器官的相似，就有必要提到今天人类所掌握的克隆技术。

克隆，是英文"clone"一词的音译，是利用生物技术由无性生殖产生与原个体有完全相同基因组之后代的过程。科研人员正在设法用动物的器官来进行人体器官移植，利用动物克隆技术获得足够量的动物器官用于人类器官移植，并且取得了一定的进展。这在医学上具有重大意义。克隆之所以能取得这样的成功，正是因为许多动物与人类具有非常高的相似性。

有人会说，身体结构或器官的相似，并不一定就是因为我们与其他动物拥有共同的祖先。

表面上看来确实是这样，但我们可以考虑更深入些：世界上有什么生物是结构相似而不同类的呢？我们经常可以见到高大威猛的藏獒、玲珑纤弱的小型笃宾犬、长毛拖地的京巴、毛短皮皱的沙皮、状如狐狸的狐狸犬、貌如凶狼的哈士奇……这些狗尽管外形有着这样那样的不同，但是他们都是狗的一种，在解剖结构等方面是一样的。

在陆地上生活的动物彼此都有许多一样的解剖结构，天空中飞翔的鸟类、生活在水里的鱼类、水中陆地都能生存的两栖类都是如此。这些相似的结构必然存在着一种联系，而这种联系就源于遥远的古代，源于无法预料的进化。

通过直观易懂的比较学，我们很容易发现人类与其他动物的内在联系，也就不难推测出人类进化而来的轨迹。

当然，我们可以把动物间解剖结构的相似理解为进化使然，也可以理解为冥冥中神就是这样缺乏创意。仅仅根据解剖结构比较，我们还不能让进化论无懈可击。而接下来基因科学的发展，就为进化论提供了更加过硬的证据。

类人猿——人类实实在在的祖先

人类进化的痕迹

不用特别说明，人类早就能看出类人猿与人类是多么的相似。不过，表面的相似仍然难以完全让人信服。幸好基因科学为我们提供了更科学的证据。

基因也称为遗传因子，是指携带有遗传信息的 DNA 或 RNA 序列，是控制性状的基本遗传单位。基因通过指导蛋白质的合成来表达自己所携带的遗传信息，从而控制生物个体的性状表现。

基因有两个特点：一是能忠实地复制自己，以保持生物的基本特征；二是基因能够"突变"，绝大多数突变会导致疾病，另外的一小部分是非致病突

拓展阅读

DNA 亲子鉴定

人的血液、毛发、唾液、口腔细胞等都可以用于作亲子鉴定。利用 DNA 进行亲子鉴定，只要做十几至几十个 DNA 位点检测，如果全部一样，就可以确定亲子关系，如果有 3 个以上的位点不同，则可排除亲子关系。DNA 亲子鉴定，否定亲子关系的准确率几近 100%，肯定亲子关系的准确率可达到 99.99%。

变。非致病突变给自然选择带来了原始材料，使生物可以在自然选择中保留最适合自然的个体。

通过基因研究，我们可以利用残留的点滴痕迹了解生命的轨迹，研究那些历史残留给我们的疑惑，当然也可以研究人类的起源问题。基因研究的发展为人类起源作出了十分突出的贡献。科学家们已经发现，种类越是接近，相同的基因也就越多。利用这一点，我们就可以验证人类与猿类的亲缘关系。

2003 年，黑猩猩基因组序列草图完成；2005 年，人类基因组项目的分析、测序工作全部完成。随着黑猩猩与人类的基因组分析的完成，对两者间的比较研究也全面展开。

科学家几十年前就得出结论：黑猩猩是人类的近亲。但这个结论的得出是建立在对猿类行为及身体解剖结构上的，有很多人并不认为行为相似、结

黑猩猩

构相同的物种就相同。基因研究则无可辩驳地给出了自己的证明：在基因数、基因结构与功能、染色体与基因组构造上，人类和黑猩猩几乎相同。美国国家人类基因组研究所在破译中发现，人类第二号染色体是由古猿的两条染色体融合而来的，这点证实了人类与黑猩猩的同源性。研究显示：黑猩猩和人类基因组的脱氧核糖核酸（DNA）序列相似性达到99%；即使考虑到DNA序列插入或删除，两者的相似性也有96%；人类与黑猩猩有19%的共同基因编码生成同样的蛋白质。人类与黑猩猩的共同之处还在于，两者都拥有一些变异很快的基因。这些基因主要涉及听觉、神经信号传导、精子的生成、细胞内的离子传输。它们比其他哺乳动

物同类基因的变异快得多。

人类有23对染色体，黑猩猩有24对。对比显示，两者在DNA序列对应区域上，单个碱基之间的差异为1.44%。这个结果基本上在意料之中，平息了以前的一些争论。这次测序的错误率是万分之一。因此，比较黑猩猩与人的两条染色体时，由数据误差而产生的差异在全部碱基差异中不足1%。

比较还显示，人类与黑猩猩的染色体之间存在大量的"插入/删除"差异。"插入"是指一段DNA出现在一个物种的DNA里却不在另一物种的DNA

拓展阅读

含蛋白质高的食物

含蛋白质高的食物有：牲畜的奶，如牛奶、羊奶、马奶等；畜肉，如牛、羊、猪肉等；禽肉，如鸡、鸭、鹅、鹌鹑、鸵鸟等；蛋类，如鸡蛋、鸭蛋、鹌鹑蛋等及鱼、虾、蟹等；还有大豆类，包括黄豆、大青豆和黑豆等，其中以黄豆的营养价值最高；此外像芝麻、瓜子、核桃、杏仁、松籽等干果类的蛋白质的含量均较高。

里，"删除"是指某一物种的 DNA 有一个片段丢失了，"插入/删除"是两种差异的总称。黑猩猩的第二十二号染色体和人类的第 21 号染色体 INDEL 差异的 DNA 片断多达 6.8 万个。大多数片断很短，只有不到 30 个碱基那么长，但也有的长达 5.4 万个碱基。"插入/删除"差异导致人类 21 号染色体比黑猩猩 22 号染色体多 40 万个字母，这意味着人和黑猩猩共同祖先的染色体可能更长。在两者独立进化的过程中，黑猩猩的染色体损失了更多的 DNA 片断。

猩猩基因的对比结果更多的是意外。人和黑猩猩的基因组中，都有大片大片的"垃圾 DNA"，它们不编码蛋白质，不会对生理功能起任何作用。以前人们猜想，人与黑猩猩的基因差异可能大部分存在于基因组中的垃圾地带。也就是说，在真正起作用的基因中，两者的差异更小。然而这次研究显示，DNA 序列有用部分的差异并不比无用部分少，至少在这条染色体上是如此。科学家检查了 231 个被认为起作用的基因，其中 83% 存在差异，影响到了它们所编码的蛋白质氨基酸序列（蛋白质是氨基酸分子构成的长链），不过微小的差异不一定影响到蛋白质的功能；有显著结构差异的基因约占 20%，有 47 个。黑猩猩的基因组总共约有 30 亿个碱基，第 22 号染色体上约有 3300 万个，占总量的 1% 左右。由此看来，如果基因差异在各染色体上分布均匀，那么人与黑猩猩可能有几千个基因存在着差异。寻找决定人与黑猩猩之差别的关键基因工作将比预料的更困难。

比较人与黑猩猩的基因组，是生物学家长久以来的一个梦想，现在终于实现了。我们不禁要问：既然基因如此相似，若干万年前，它们怎么能从共同的祖先中分离出来走上不同的进化道路呢？是什么造就了人类的独特性？是什么赋予我们诸如复杂的大脑和直立行走等优势呢？是什么令我们容易感染艾滋病和阿尔茨海默氏症，而黑猩猩却能免于这些疾病的侵扰呢？

答案就在于那 1%~2% 的极细微基因差异。这点差异虽然很小，却散布于整个基因组，是所有其他差异的根源。这微小的基因差异让我们学会农耕、语言、绘画、音乐、技术以及哲学，先进的文明成就将人类与黑猩猩截然分开，但人类与黑猩猩同源的理论已不容置疑。很多科学家认为，黑猩猩和人类应该共同划分在人属或者黑猩猩属。

不过，目前黑猩猩的基因图谱还不是最完全的。窥测局部带来的新发现，使科学家更加迫切地希望拥有准确而完整的黑猩猩基因组图谱，将它与人类和大猩猩等其他近亲的基因组进行比较。人与黑猩猩在生理和行为上的差异，

人类进化的痕迹

也许并不是多少个基因的小小差异简单的累加，但对基因差异进行比较是不可缺少的基石。

欧洲的晚期智人化石和白种人起源

欧洲的晚期智人化石已有大量的发现。重要的有：在中欧和东欧发现的姆拉德克和普雷德莫斯特，在西欧发现的克罗马农和库姆卡佩尔等。

姆拉德克化石发现于捷克摩拉维亚地区，材料包括八个颅骨、若干下颌骨和头后骨骼，以及一些单个牙齿。颅骨形态有较大的变异。总的来说，头骨较粗壮，眉脊发育程度中等，颅后部明显平扁，颅骨的高度大于尼人（尼安德特人的简称）。其年代距今 3.3 万 ~3 万年，远早于西欧的克罗马农。其形态也比克罗马农原始，可能是中欧已发现的最早的现代智人。其大部分化石标本不幸在第二次世界大战末期的战火中被毁掉了。

基本小知识

人类颅骨的构成

人类颅骨通常由 29 块骨头组成。8 块骨头组成脑颅，容纳并保护大脑和延髓；14 块骨头组成面颅，支撑面部，形成面部轮廓；颞骨包住中耳的 6 块听小骨；舌骨、支撑喉，通常认为不是颅骨的一部分，因为它与其他骨头没有关节连接。

普雷德莫斯特也发现于捷克，是欧洲早期现代智人化石最多的一个地点，化石标本至少代表 27 个个体。其年代较姆拉德克晚，大约为 2.5 万年前，颅骨中有八个的平均脑量为 1467 毫升（1220 ~1736 毫升），有明显的两性差别。遗憾的是，全部化石标本也都在第二次世界大战末期的战火中被毁掉了。

克罗马农是 1868 年在法国多尔多涅区的克罗马农洞里发现的，也是最早发现的晚期智人化石。有颅骨四个，属于三个男性和一个女性。比东欧所发现的化石时代稍晚，形态较为现代化。男性颅骨的脑量很大，1 号颅骨保存得最好，是老年人；高而圆，额部隆凸，眉脊相当发达，枕部有像尼人那样明显的鼓包。只有 1 号颅骨带有面骨，面部很宽而矮，眼眶较扁，鼻孔狭窄，很像现代欧洲人。2 号颅骨为女性，较小和较纤细。

库姆卡佩尔是 1909 年在法国发现的完整的女性骨骼，包括较完整的头后骨骼。年代不确定。颅骨比大多数尼人为高为窄，眉脊比姆拉德克为显，面部稍大，下颌骨较短、较垂直和较深，无额隆凸。肢骨较为纤细。

另外，1883 年在法国发现的尚塞拉德头骨，形态有如适应寒冷气候的爱斯基摩人。1901 年，在意大利"小儿洞"发现的格里马迪标本，包括三个个体（成年的一男一女和一个男性少年），凸颌程度很大，保存有较多的头后骨骼，肢骨较尼人为纤细，年代不确定。

非洲的晚期智人化石和黑种人起源

过去，一般都认为非洲现代人出现的时期较晚，现代的黑人是由北方的地中海区域迁徙而来的。近年来，一方面年代测定的数据有了很大的变动；另一方面非洲有了不少重要的新的人类化石的发现，年代都比较早。因此，转而认为在亚洲西南部和欧洲的晚期智人最初可能都来自非洲。

知识小链接

阿舍利文化

阿舍利文化是考古学上对于一类史前人族石器工艺技术的称呼。此文化横跨于旧石器时代早期的非洲、亚洲及欧洲。

在讨论非洲各化石地点的年代测定以前，首先需要说明一下非洲石器时代的划分法、名称与其他区域的不同。非洲的石器时代分为早石器时代、中石器时代和晚石器时代。1970 年，克拉克提出非洲中石器时代（简称 MSA）的年代大约距今 10 万~4 万年，大体与欧洲的旧石器时代中期相当。可是，沃格尔和博蒙特在 1972 年发表一系列非洲各化石地点的 C-14 的测定数据，对非洲石器时代的年代提出了很大的修正，认为中石器时代的开始远早于 10

万年前，结束于 3.7 万年前。

南非边界洞的沉积，根据氧同位素的测定，表明石器时代的开始早到大约 19.5 万年前。另一地点克莱西斯河口测定的开始年代大约是 12.5 万年前。东非的石器时代的年代也同样提前了。埃塞俄比亚齐韦湖附近的石器时代的年代，用钾—氩法测定分别距今 18.1 万 ±0.6 万年和 14.9 万 ±0.13 万年。肯尼亚莱托里地区的恩加洛巴层位的石器时代的年代大约距今 12.0 万 ±0.30 万年。

综合各方面的数据，非洲从最晚阿舍利时期向最早的石器时代过渡的年代在距今 20 万 ~ 13 万年之间。边界洞的研究表明最晚的年代大约为 5 万年前。

在非洲发现的与黑种人的起源有关的主要化石地点有南非的弗洛里斯巴、边界洞和克莱西斯河口，东非埃塞俄比亚的奥莫和坦桑尼亚的恩加洛巴等。

弗洛里斯巴化石是 1932 年在南非发现的，材料包括完整的额骨、部分顶骨和右侧的面骨。其年代可能在 4 万年前。可能与过去被称作布西曼人、现在自行改称桑人这个族群有亲缘关系，但也有人认为它与桑人无关，而与布罗肯山标本有相似的性状。

基本小知识

桑　人

桑人，又称巴萨尔瓦人，是生活于南非、博茨瓦纳、纳米比亚与安哥拉的一个原住民族，其语言是科伊桑语系的一支，是科伊人的相近种族。遗传学上根据 Y 染色体 DNA 的研究显示，此民族可能是世界上现存最古老的民族之一。

边界洞位于南非纳塔尔省北部。从 1941 年迄今，在那里至少发现代表四个个体的化石。洞内有人类长期居住的证据，但地层记录混乱。其年代最晚的在 1.5 万年前，早的在 4.8 万年前，对附着在部分颅骨上的土壤测出的年代则在 10 万年以上。所有人类化石的形态明显属于现代人。德维利尔斯于 1973 年，博蒙特等于 1978 年，强调边界洞化石是现生非洲黑人的祖先，但其他人类学家如赖特迈尔于 1984 年认为不大可能。颅骨测量的多变量因子的分析显示，边界洞化石所属个体与现生的男性桑人相近。

克莱西斯河口化石是在位于南非好望角海岸的洞穴堆积中发现的。洞中的人类化石有头骨破片和一个较完整的下颌骨。其形态完全与现代智人相似。同一地点发现有中石器时代的石器和许多动物化石。其年代最早为距今 13 万—12 万年，最晚为大约距今 6 万年。这种人在这里生活的时期至少长达 6 万年之久。

奥莫标本是 1967 年在埃塞俄比亚南部奥莫盆地的基比什组发现的两个头骨。奥莫 2 号头骨较大，脑量在 1400 毫升以上。其年代不能确定。用铀钍法测定堆积中出土的蚌壳，得出的年代为距今 13 万年。头骨的形态似为较早的现代智人。

在坦桑尼亚莱托里地区的恩加洛巴层位中，1976 年发现一个保存相当完整的颅骨，明显呈现代智人形态，但有一些原始性状如发达的眉脊，其他性状则与奥莫头骨相似。从地层对比上可断定其年代相当于 12 万年前的层位。

在地中海以南和摩洛哥大西洋沿岸的马格里地区的人类化石，其年代距今在 5 万年以内，显示尼人与现代智人的性状，与西亚的尼人有相似之处，因而认为它们之间互有联系，有基因交流。

总的看来，非洲的上述人类化石，其形态近于现代人；其年代的可靠程度不一，都存在某种程度的问题。认为非洲撒哈拉以南的解剖结构上的现代智人分化较早的观点，现有的证据还不能肯定。但是，年代修正的结果显示，过去认为非洲撒哈拉以南地区与北非和欧洲相比，在技术上是落后的和停滞的这一看法，显然是不正确的。非洲撒哈拉南北在技术上的重要变化可能大约是同时出现的，甚至撒哈拉以南更早些，虽然在文化性质上是属于不同系统的。

中国的晚期智人化石和黄种人起源

我国发现的晚期智人化石，主要有柳江、资阳、山顶洞、河套等标本。含有旧石器时代晚期文化遗物而没有人类化石的地点更多，如辽宁、内蒙古、宁夏、甘肃、陕西、山西、河南、山东、湖南、江西、广西、云南、四川等都有这类遗址。在西藏定日县也发现了旧石器。其中比较重要的有山西的峙峪、河南的小南海和四川的富林等遗址。

柳江人头骨化石

柳江化石是 1958 年在广西柳江县新兴农场通天岩的岩洞中发现的。化石材料包括一个完整的头骨（缺下颌）、两段股骨，还有右髋骨、骶骨、脊椎骨，属于一个中年人个体。

这个头骨具有黄种人的许多特征，如颜面上部、鼻梁和嘴部向前突出的程度与现代黄种人相一致，硬腭中等大小，先天性第三臼齿缺乏和门齿呈铲形等。年龄在 40 岁以上。没有发现文化遗物。动物化石属我国华南山洞中常见的大熊猫—剑齿象动物群，表明当时的气候是温暖湿润的。

资阳人化石是 1951 年修建成渝铁路时在四川资阳的黄鳝溪大桥桥墩工程中发现的一个老年妇人头骨。头骨的颅顶部分保存完整，颅底大部缺乏。另有硬腭一块，还发现一个骨锥。

头骨比较小，但仍在现代中国人的变异范围内；有一些原始性状，如眉弓较发达，枕骨内面的大脑窝比小脑窝深而且广等。与资阳人标本共存的动物化石有猛犸象、鹿等。有人认为资阳人的时代较晚，但目前还无定论；这里仍把它作为新人化石之一。

基本小知识

阿伊努人的特征

阿伊努人在体质上和一般的亚洲人相差很多。他们似乎同时具有欧罗巴人种和蒙古人种的某些特色，特征是低额多须、高眼眶、深眼窝、深陷的鼻根、突出的眉弓。皮肤较黑，毛发浓密而长，有波纹，脸上和身上的汗毛都很多，身材不高，成年男子身高约 1.6 米。他们的面孔具有欧洲人的特征，语言与毗邻的各民族和国家的语言没有任何相似之处，男人留着红胡子，而且也有卷发的倾向。

山顶洞化石是 1933 年在北京周口店猿人洞上方的另一个小山洞中发现的，包括三个相当完整的头骨，一男两女，加上其他零星头骨，至少代表八个人，同时发现有骨器和少量石器。

　　1939 年，专家魏敦瑞研究山顶洞头骨，认为男性老人接近日本北海道的阿伊努人（过去叫虾夷人），中年女人似因纽特人，青年女人似美拉尼西亚人。

　　1922 年，在内蒙古自治区乌审旗的大沟湾发现过大量动物化石，其中有一颗小孩的上外侧门齿。1956 年，内蒙古博物馆的工作人员又在乌审旗嘀

山顶洞人头骨

哨沟湾村附近，发现了人类的左股骨的下半段和一块右顶骨破片。这就增加了对河套化石形态的了解。近年又在这一地区发现额骨化石。

　　据报道，在台湾省台南县左镇菜寮溪发现了人头骨片，其年代可能在距今 3 万～1 万年之间。这是台湾发现的最早的人类化石。

　　还有在辽宁建平发现的一段肱骨和山东新泰发现的一个臼齿，都属晚期智人，但难以确定是更早些还是更晚些的晚期智人。

　　此外，还有在吉林榆树周家油坊发现了两块头骨碎片和一根胫骨，在江苏泗洪下草湾发现了一段股骨，在云南丽江发现了三根股骨。三处的人骨化石，都可能是旧石器时代晚期或其后的人骨。它们确切的地质时代还难以确定。

　　中国发现的晚期智人化石具有明显的黄种人特征。而且，不仅晚期智人化石如此，前面各章所述的中国的早期智人以至直立人化石，也具有不少黄种人的性状。

　　早在 1941 年，魏敦瑞就指出北京猿人具有一系列与蒙古人种密切相关的性状，如头骨前部正中有矢状脊，后部有缝间骨（印加骨），以及宽阔的鼻骨，鼻梁侧面的轮廓，前突的颧骨，上颌骨的额蝶突，圆钝的眶下缘，铲形的上门齿，上颌、外耳道和下颌的圆枕，股骨的极度平扁和肱骨发达的三角肌粗隆等。从而，他认为北京猿人是智人的直接祖先，与蒙古人种的关系比

与其他人种，特别是白种人的关系要密切得多。

从现有的化石证据来看，在中国发现的人类上门齿化石都是铲形的，如元谋、周口店、和县、郧县、桐梓、营口金牛山、丁村、柳江、河套、山顶洞的标本，无一例外。在新石器时代和现代中国人的标本中，铲形上门齿占有极高的百分率，高于任何其他种族。

另一有关牙齿的特征是第三臼齿的先天性缺失。蓝田猿人的下颌骨是老年人的，但两侧都没有第三臼齿，这是先天性缺失的例子。年龄在 40 岁以上的柳江上颌骨也没有第三臼齿；在现代人中，第三臼齿先天性缺失的百分率在蒙古人种中最高。

从额骨化石来看，蓝田、北京周口店、和县、大荔、马坝、资阳的头骨上都有明显程度不同的矢状脊。保存有部分鼻骨的化石，如蓝田、北京周口店、营口

你知道吗

牙齿为什么那么坚硬？

牙齿是由牙釉质、牙本质、牙骨质等组成的。牙釉质包裹在牙齿顶端的表面，它虽然不厚，却很硬，硬度仅次于世界上最硬的石头——金刚石，能保护牙齿其他部分免受磨损。牙本质构成牙齿的主体，它也是一种很硬的组织，硬度和骨头差不多。正是因为有了牙釉质和牙本质，我们的牙齿才会如此坚硬。

金牛山、大荔、马坝、柳江和山顶洞等标本，都有较宽阔而较垂直的鼻部。保存有颧骨部分的标本，如北京周口店、营口金牛山、大荔、马坝、柳江和山顶洞化石，都具有向前突出的颧骨。印加骨存在于北京周口店、大荔、丁村和许家窑的人化石标本。

上述这些在现代蒙古人种中出现率特高的性状，在中国发现的从直立人直到晚期智人中都经常出现，显示着后者对前者亲缘上的继承关系。自然，在这漫长的人类发展过程中，必然也与其邻近地区的人种不断有基因的交流。

澳大利亚土著人的起源

在澳大利亚发现的人类化石及较早的人类骨骼明显地有两种类型：一类是骨骼粗壮、身材魁梧的人群，如科萨克、塔尔盖、莫斯吉尔、科阿沼泽等；

另一类是骨骼较为细致、身材纤细的人，如凯洛、芒戈湖等。两者的文化也不相同。

澳大利亚土著人

澳大利亚的人类化石中年代最早的不过距今 3 万多年，以后可能会发现更早一些的人类化石，但不可能太早，应该不会比 5 万年多多少。因此，可以肯定，澳大利亚的土著人是由其他地区的早期人类迁入的。但对他们究竟来自何方这个问题，长时期来有着不同的意见。

1922 年，人类学专家在分析爪哇发现的瓦贾克头骨性状时，就曾指出它与澳大利亚土著人的关系。1946 年根据爪哇发现的特里尼尔和桑吉兰直立人化石以及昂栋头骨的性状，提出爪哇的材料与澳大利亚的人类化石和现代人有着明显的相似性，表明澳大利亚的现代人是由爪哇的直立人经昂栋、瓦贾克发展而来的。因为澳大利亚的塔尔盖、科休纳头骨等保留了一些类似猿人的原始的粗壮性状。但也有人认为爪哇的人类化石与澳大利亚的人类化石在形态上没有明显的联系。

伯塞尔在 1949 年、1967 年和 1977 年一再倡导三次混合说。他根据现代人形态的变异，提出过去发生过形态上不同的人群，三次经过印度尼西亚到澳大利亚的理论。第一次为大洋洲小黑人，其来源地点不明；第二次为默雷伊人，其来源与阿伊努人有关；最后一次迁入的人群是以印度为其进化中心的卡彭塔里人。

拓展思考

人为什么要迁徙？

人口迁徙是一种人类族群集体或个别改变居住地域的现象，其形式有自愿或非自愿、合法或非法之别。但人为什么要迁徙呢？原因则可能包括（但不限于）资源短缺、气候变迁、战争、奴隶贸易、种族清洗、政治迫害、经济压力等，在历史上就出现过这样的情况。

人类进化的痕迹

弗里德曼、洛弗格伦在 1979 年，索恩在 1980 年，提出两种来源的理论。他们认为，在澳洲曾经有过两次互不相干的迁移。一是南路，一批以粗大骨骼为代表的体格魁梧的人来自东南亚，可能从爪哇经过帝汶而进入澳大利亚西北部，然后沿西海岸南下；另一是北路，可能是从中国华南来的体态较为纤细（根据骨骼）的人群，经过印度支那、加里曼丹和新几内亚进入澳大利亚东北部，随后沿东海岸南下，其中一部分也许最后越过陆桥而到达塔斯马尼亚。这两批不同来源的人群互相混杂，产生了现代澳洲土著人，其形态介于这两种祖先类型之间。

蒙古人种

基本小知识

蒙古人种为世界四大人种之一，又称亚美人种或黄色人种。其起源地在中亚和东亚，由此逐渐向南亚、东南亚扩散。西伯利亚的楚克奇人和通古斯人，北极因纽特人、美洲印第安人也都是起源于中亚和东亚，并属这一人种。

对澳大利亚近邻地区发现的人类化石的形态分析，也有助于我们了解澳大利亚土著人的起源。

柳江头骨是在我国南方形成中的蒙古人种的最早代表，同时其许多性状在一定程度上处于蒙古人种与澳大利亚人种之间。

爪哇的瓦贾克头骨，一方面有一些性状与澳大利亚土著人相似，如明显的齿槽突颌，鼻腔下缘不明显，头骨壁很厚，牙齿巨大等；另一方面又有一些与蒙古人种相似的性状，如宽阔和平扁的面部，平扁而不凹陷的鼻根等。但瓦贾克头骨的年代一直未能确

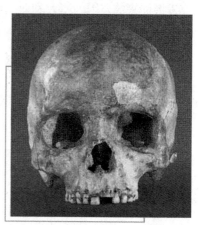

柳江头骨化石

定。最初从其石化程度判断，认为可能属更新世晚期；后来得知骨的成分以及同相关动物群的对比，表明其年代较晚，可能属全新世。

菲律宾塔邦洞发现的头骨，一方面具有与澳大利亚土著人相似的一些性

状，如额骨长，眶间宽度小，眶上脊部分明显前突等；另一方面又与周口店的山顶洞 101 号头骨有相似的性状，如很发达的眉间区和宽阔的眶上沟等。

加里曼丹的尼亚头骨和新几内亚的艾塔普头骨也有类似的情况。

从以上所作的比较中，表明柳江人、瓦贾克人、塔邦人、尼亚人和艾塔普人是蒙古人种与澳大利亚人种之间的过渡型，这也暗示，存在着原始人类从我国华南地区逐渐迁徙到澳洲的可能性。

美洲印第安人的起源

印第安人是美洲的土著居民。过去以为他们的皮肤是带红色的，曾被称为红种人。后来发现他们的红肤色是由于他们习惯在面部涂以红色颜料，而实际上肤色是黄的，是黄种人的一个分支。

美洲人（印第安人）的起源问题，也是长期来有很多争论的一个问题。考古学家和人类学家一般都同意人类最早是从白令海峡进入美洲的，不管是乘船还是通过一度连接亚洲和北美之间的陆桥。但对最早的进入时间仍有争论。

美洲人是在什么时候起源的？有人认为在距今 1.15 万年或 1.2 万年前，美洲没有人类的踪迹；有人则认为早在距今 5 万年甚至更早的时候，那里已有人类了。

拓展阅读

美洲名字的由来

美洲是"亚美利加洲"的简称。公元 1499～1504 年间，意大利探险家亚美利哥到美洲探险，到达了南美洲北部地区。他证明 1492 年哥伦布发现的这块地方只是欧洲人所不知道的"新大陆"，而不是印度。后来意大利历史学家彼得·马尔太尔在他的著作中首先用新大陆称呼美洲。德国地理学家华尔西穆勒在他的著作中以亚美利加的名字称这块大陆为亚美利加洲，并一直沿用到今天。

从考古学上看，1926 年在美国新墨西哥州福尔索姆附近发现了尖状器，同时发现有灭绝的野牛骨骼。1932 年，又在该州克洛维斯附近发现了年代更

人类进化的痕迹

早的另一种尖状器，测定的确凿年代为距今 1.15 万年，伴有猛犸骨骼。这是在美洲已发现的年代肯定的最早的考古遗物；更早的遗物虽有许多报道，但其可靠性都不能肯定。

从美洲人的体质形态来看，全部美洲土著人（连同因纽特人）在形态上是很相似的，如色素、发型、多种血型、门齿类型等都非常一致，没有像在非洲、欧洲，更不用说澳洲那样大的变异，他们的形态性状与西伯利亚和其他东亚的黄种人非常接近，因而其起源是在较近的时期，最多是距今 2 万 ~ 1.4 万年。

从发现的人骨证据看，过去被认为其年代在 1 万年以上的美洲最早期人类骨骼都被否定了，

拓展阅读

人类血型系统有几种?

血型是对血液分类的方法，通常是指红细胞的分型，其依据是红细胞表面是否存在某些可遗传的抗原物质。在人类，目前已经发现并为国际输血协会承认的血型系统有 30 种，而其中又以 ABO 血型系统和 Rh 血型系统最为重要。

美洲印第安人

如 1972 年在美国加利福尼亚州旧金山附近发现的森尼瓦尔骨骼；20 世纪 20 到 30 年代中，在加利福尼亚州发现的德尔马尔骨骼，也叫拉乔拉或圣迭戈人骨骼；1961 年在加利福尼亚拿大艾伯塔省发现的泰伯幼儿骨骼；1936 年在厄瓜多尔发现奥塔瓦洛骨骼；1936 年在加利福尼亚州发现的洛杉矶骨骼；1951 年在加州南部发现的尤哈骨骼；1953 年在加州发现的米德兰德骨骼等。近年来，这些材料被认为都是全新世的完全现代人的骨骼。

到现在为止，美洲最早有人类活动的确凿证据只有距今 1.2 万年。

趣谈日本人起源

大和民族究竟形成于何时，先人来自于何方，在渺茫的史诗和纷纭的传说中早已不可追寻。现在可以确定的是，早在公元前的某个时间，就开始了向日本的持续且不断增长的移民迁徙。移民大抵是黄皮肤的蒙古人种，主要由来自西伯利亚及中国东北的通古斯人、南洋群岛的马来人、中南半岛的印支人、长江下游的吴越人，及汉人和朝鲜人混合形成。他们沿着朝鲜半岛而下，渡过海峡，登上了这个位于东亚尽头、曙光总是第一抹生起却是火山密布的列岛。

基本小知识

大和民族

大和民族，又称日本民族或大和族，是构成日本民族主体的民族，约占当前日本人口总数的 **99.9%**（其余为阿伊努人与琉球人），主要分布于整个日本列岛。"大和"一词有时成为"日本"的代称，例如"大和魂"即指"日本精神"。

1979 年，日本大阪教育大学人类学名誉教授鸟越宪三郎最早发表新说"日本人的发源地在中国云南省"。1984 年 2 月 23 日，鸟越宪教授就"对被认为是从云南南下的泰国山岳地带（泰国北部）的少数民族进行了实地考察，结果发现了所有婴儿的臀部有胎斑"的报道强调："日本人在体质上所具有的胎斑渊源是云南，这是一个旁证，证实这个地区是日本人的发源地。"1988 年 9 月，日本电视工作者同盟抵达云南，其任务就是拍摄"日本人的起源"。此后，日本学者们的推论又由"倭人起源于云南"，进一步演绎为"倭人的祖先为云南的少数民族"，其范围与核心，基本圈定为彝族、哈尼族、傣族等多种说法。持"彝族说"的理由是，鸟越宪三郎、佐佐木高明和渡部忠世等专家到云南考察后发现石林等地撒尼人（彝支系）的"火把节"，类似日本的"盂兰盆节"，即在日本的纪伊半岛，同一天也举行"火把节"，而在日本南部纪伊半岛的神户、京都、大阪、奈良、和歌山等地，正是中国传统文化在日本表现最为集中的地方……持"哈尼族说"的理由是，有日本人惊奇地发现，中国云南的哈尼族与日本大和民族的信仰都具有相似的"万物有灵"观念，特别是在诸神中，日本民族最有权威的"天照大神"和哈尼族的"阿匹梅烟"都为女性，亦同是太阳神；日本崇拜"谷神"并奉樱花为国花，哈尼族也崇拜"谷神"，并视樱桃树、樱桃花为神花……"傣族说"的看法仍出于鸟越宪、佐佐木和渡部等学者。对于被认为是从云南南下的泰国山岳地带的少数民族，他们曾经进行了实地考察，结果发现在所有婴儿的臀部都有胎斑，同时，也在西双版纳傣族中发现了胎斑。所谓"胎斑"，是指在婴儿臀部及腰、背和肩等各部分皮肤出现的青色斑纹。原因是在皮肤真皮上有黑色素细胞，它随着年龄的增长逐渐消失。日本人恰有这一人种胎斑的类似性，而且在西日本九州、本州有许多人的血型是 A 型，这一点也与云南和泰国内地相同。

1996 年开始，中国及日本的一些学者们组成"江南人骨中日共同调查团"，对中国江苏省发掘出来的春秋至西汉时代（即公元前 6 世纪—公元 1 世纪）的人骨，及差不多同期出土的日本北九州及山口县绳纹至弥生时代的人骨，进行了三年的对比研究。

你知道吗

大和族的宗教信仰

大和族多数信仰神道和佛教，儒学亦有影响，少数人信仰基督教。有很多人同时信仰神道与佛教。

经过 DNA、检验分析，两者的排列次序某部分竟然一致，证明两者源自相同的祖先。这就是说，日本人的祖先更确定为远不止边陲南疆的中国人。中日两国，不但同种，而且同宗。据民间传说，秦始皇统一中国以后，为了寻求长生不老药，曾派徐福率领 3000 名童男、童女，乘由 50 艘船组成的庞大船队，东渡日本寻找长生不老药。结果没有找到，徐福想打道回府，有手下提醒他，你没有完成皇上交办的差事，回去只有死路一条，不如干脆留下来，徐福一行就留下了。这时的日本仍处在石器时代，大多数日本人蓄着长发，用绳结扎在头顶，并用一条白布系在额头上。直到今天，日本人还很喜欢在节日里将白布条系在额前。他们大多为黥面文身的渔民，渔民们认为下海捕鱼时文身是诱惑鱼的一种好办法。女人们穿的衣服不过是一块在颈部挖了个洞的布，就像墨西哥人的披风。人们性格平和，不会嫉妒。实行的是一夫多妻制，一般一个男人可娶四五个妻子。日本人喜欢喝酒，像马来人、印度人那样用手抓取食物。那时他们没有肉吃，通常吃鱼、蔬菜和大米。据说当时徐福便发现日本人长寿，可以活到80~90岁，有的甚至活到100岁。他还发现他们在种稻和捕鱼之外，还特别擅长巫术、预言、占星和用泥土占卜。

世界三大人种

人种或种族是根据能遗传的体质特征而区分的，主要是根据皮肤的颜色，头发的形状和颜色，眼、鼻、唇的形状等来划分的，因而可以划分为黄种人、白种人、黑种人等。

知识小链接

棕色人种的分布

棕色人种主要指的是澳洲原住民。其分布在澳大利亚、新几内亚、美拉尼西亚以及南印度、印度东北部、东印度（安达曼群岛）、东南亚（印尼、马来西亚）的岛屿上。

人种（或种族）与民族有不同的含义，这是两个不同的概念，但经常发生混淆。民族不是根据体质特征来区分的，而是根据语言、生活的地域、经济生活等共同特征划分的。民族就是由具有这些共同特征在历史上组成的人们共同体。种族则具有区别于其他人群的共同的遗传体质特征的人群。因而一个种族可以包括一个或几个民族，例如黄种人包括东亚许多国家的许多民族。中国是一个多民族的国家，由五十多个兄弟民族组成，但种族上主要是黄种人，其中有的民族如维吾尔族混有白种的血统。

因为人种是根据体质上某些能遗传的性状而划分的人群，所以人类无论是个体还是群体的各种性状，全都一方面受到遗传因素的影响，另一方面又受到环境因素的作用。因此，世界上不同的人群有着不同的基因频率，从而产生了人种的差别。所谓人种，就是一个物种内的低一级的分类，表明这一群体与同一物种内的其他群体有着不同的基因频率的组合。

各人种之间可以互相婚配，产生有繁殖能力的后代。所以各人种不是不同的物种。世界各人种都属于同一个物种——智人种。

早在 1775 年，德国的布鲁门巴赫就根据肤色、发型等体质特征把全世界的人划分为五个人种，即白种、黄种、黑种、红种和棕种。200 多年来，许多人利用各种体质性状以及生理特征等提出了多种分类方法，从最少的两分法到最多的五六十种分法。

人种最通常的分法是三分法和四分法。三分法是蒙古人种（又称黄种或亚美人种）、高加索人种（又称白种或欧罗巴人种）、尼格罗人种（又称黑种或赤道人种）。四分法则把澳大利亚人种（又称棕种）从黑种中分出来，与三大人种并列。

知识小链接

白色人种的分布

在中世纪时期，高加索人种是主要分布在欧洲、西亚、北印度、北非。16 世纪以后随欧洲殖民扩张扩散到美洲、大洋洲和其他地区。高加索人种的种族主要有雅利安人、闪人、乌拉尔语系民族等。

人种是指群体而不是指个体而言的。每一人种都有一系列体质性状作为其特征。然而从个体来说，几乎没有一个个体是完全符合于所有的体质特征的，也从来没有真正的"纯种"。人种也不是固定不变的，而是在持续变化之中。

人种起初是根据居住地区划分的，即所谓地理人种。可是人类的居住地在不断变化中，特别是近百年来的变动越来越大，所以地理人种一般是以公元 1600 年前的状态为依据的。

有些体质性状，虽然其基因分析现在还不清楚，然而也有助于地理人群的划分，如头发的颜色和形状、鼻子的形状、唇的厚度等等。它们出现的频率在某些人群中明显高于其他人群，虽然现在还不完全知道它们是如何出现的，但还是可以作为人种的特征。

无字天书——化石

　　从人进化的足迹，你会发现远古时代根本没有文字一说，那我们是怎样了解他们的生活和发展情形呢？这就要靠考古学、地质学和古生物学的研究了。而这些科学家们又是通过什么来进行研究的呢？这就归功于远古时代留下的人类化石和古代遗址。

　　什么是人类化石？简单地说，就是石化了的古代人类的实体。它们被埋在古代的地层里，通常与古代遗址一同被发现。科学家们就是通过这些为我们揭开远古人类生活的神秘面纱，让我们了解人类是如何发展与进步的。

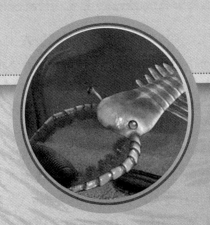

化石和遗址的发现

远古的人类与我们相去实在太遥远了，我们有什么办法去了解他们的生活和发展情形呢？这不能不借助考古学、地质学和古生物学的研究，因为远古人类留给我们的是一部没有文字的"史书"。它的内容是异常丰富的，包括了许许多多已被发现和未被发现的人类化石和古代遗址。科学家们根据已经发现的人类化石和古代遗址，就可以给我们描绘出一幅幅远古人类生活面貌的图画，同时亦可借此看到我们的祖先是怎样不断发展、进步的。

基本
小知识

考古学的含义

考古学，对于过去人类社会的研究，主要通过重建与分析古代人们的物质文化与环境资料，包括器物、建筑、生物遗留与文化地景。由于考古学运用许多不同的研究程序，它可被认定为一门科学与一门人文学，而且在美国，它是人类学的一个分支，在欧洲则是一门独立学科。

什么是人类化石呢？简单地说，就是石化了的古代人类的实体。它们被埋在古代的地层里，常常与古代遗址一同被发现。古代遗址中通常发现有原始人使用过的石器和其他化石遗迹。这些都是研究原始人类生活的宝贵材料。

早期发现的人类化石，有尼安德特人化石、克鲁马努人化石和爪哇猿人化石等。

尼安德特人化石是第一次发现的人类化石，于1856年发现。它出土于德国尼安德特峡谷的洞穴中，故名为尼安德特人，或简称尼人。尼人大约生活在距今30万—20万年前，在人类发展历史上属于古人阶段。与这一阶段相应的文化遗址，在欧洲有莫斯特遗址（位于法国西南维泽尔河岸），在中国有丁

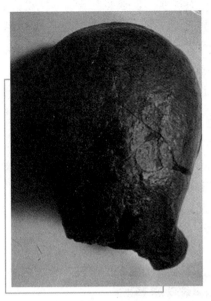

"爪哇猿人"头盖骨化石

村遗址（位于山西省襄汾县）。这个时期相当于旧石器时代的中期。尼人化石并不是最古的人类化石，比它更古的人类化石以后累有发现。

克鲁马努人化石于 1868 年在法国西南部克鲁马努山洞发现，他们生活的年代大约是距今 10 万年前。与克鲁马努人有关的古代文化遗址，是奥瑞纳遗址。奥瑞纳遗址发现于法国南部奥瑞纳村的一个洞穴中。

爪哇猿人化石发现于印度尼西亚的爪哇岛，发现时间是 1891 年。由于没有工具与爪哇猿人并存，它能否算人引起了人们的怀疑，围绕这个问题还曾经展开过激烈的争论。有人认为它是人，有人认为它是长臂猿，有人则认为它是人和猿之间的中间环节。

进入 20 世纪以来，人们陆续发现了不少新的人类化石和古代遗址，为科学工作者研究和探索远古人类的生活面貌提供了越来越多的宝贵材料。发现人类化石的地点，主要分布在亚、非、欧三洲。所发现的人类化石中，较重要的有：1929 年发现的北京人化石（发现于中国北京周口店）；1959 年发现的能人化石（发现于坦桑尼亚奥杜韦峡谷）；1963～1964 年发现的蓝田人化石（发现于中国陕西省蓝田县）；1968～1972 年于肯尼亚卢

拓展阅读

爪哇岛

爪哇岛，位于印度尼西亚，南临印度洋，北面爪哇海，印度尼西亚首都雅加达则位于爪哇西北。爪哇岛是世界上人口最多，也是人口密度最高的岛屿之一，全岛面积 126700 平方公里，人口 1.24 亿（2005 年），密度高达每平方公里 981 人。

無字天書——化石

多尔夫湖地区发现的人类化石；1974 年于埃塞俄比亚发现的人类化石等等。

在已经发现的许多人类化石中，就目前所知，属于最早期人类的是 1974 年于埃塞俄比亚发现的人类化石——"露西"。

许多重要的人类化石，都是在一些古代遗址中发现的。这些古代遗址，直接或间接地反映了那个时候原始人的生活和文化。

历年来，在世界各地发现的古代遗址不少。它们不断丰富了古人类学研究的资料，为古人类学的研究提供了大量重要的证据。科学家们是异常珍惜从每一个遗址中发掘出来的物件的，即使是一件粗糙的石器、一截残存的兽骨、一堆灰烬，都引起他们极大的兴趣。因为它们不是普通的石块、骨头、灰烬，而是许多万年前远古人类在那里生活遗留下来的痕迹。

能人化石

趣味点击

人的左右脑不同分工

根据美国生物学家斯佩里博士的割裂脑实验，大脑两半球在机能上有分工，左半球感受并控制右边的身体，右半球感受并控制左边的身体。左脑主要负责语言、逻辑、分析、代数的思考认识和行为；而右脑则主要负责直观、综合、几何、绘图的思考认识和行为。

能人化石最早是 1959 年在坦桑尼亚奥杜韦层位 I 中发现的小孩顶骨、下颌骨和手骨（OH－7）以及成人的锁骨、手骨和足骨。1963 年，在层位 II 中又发现一块头骨，1964 年定名为能人。

1972 年，在肯尼亚图尔卡纳湖东岸库彼福勒发现的 KNM－ER1470 号头骨，以及其后发现的 KNM－ER1813 号头骨，也被归入能人。

在南非斯特克方丹和斯瓦特克朗地点发现的化石中，有人认为也有能人类的化石。

主要标本来自距今240万～140万年前的沉积。

1997年，根据在埃塞俄比亚发现的一块上颌骨的形态和牙齿的性状，确定它是人属能人亲近种。

能人的特征是有扩大的脑子，雄性的脑量为700～800毫升，雌性的脑量为500～600毫升，比南方古猿的大。面部较少凸出，头后骨骼较近现代人。身高只有107厘米，而且像露西一样，上肢较长，可能是因为需要像猿那样敏捷地爬树。1983年，福尔克根据对ER1470号头骨颅内模的研究，认为其总的形态和沟回与现代人的形状相似，可能已有语言的能力。

能人头骨化石

另一特征是其齿列与以后的人科成员相比，其后部牙齿仍很大，但比南方古猿稍小，且有继续缩小的倾向，而不像南方古猿那样继续增大。

能人与南方古猿具有一些共同的特征，如两性差别大，颅骨壁薄，眉脊的发达程度中等，项肌附着区短而位置低，面部大而前突，有适应于强大咀嚼力的结构，包括前位的明显向两侧张开的强大的颧骨和特别发达的颞肌前部，以及大的后齿（前臼齿和臼齿）等。

例如，ER1470号男性颅骨同样具有大的面部和粗大的前位的颧骨，也表示有大的后齿；可是其脑量为775毫升，颞肌附着处增大，没有矢状脊。同样，女性的奥杜韦标本OH－24，或东特卡纳湖的ER1813号头骨，具有小得多的面部，但仍保留着与强大的咀嚼力有关的性状。

无字天书——化石

直立人化石

◎ 亚洲直立人化石

　　亚洲的直立人化石主要发现于东南亚的印度尼西亚和东亚的中国。

　　荷兰的青年医生杜布瓦受到德国和英国进化论思想的影响，特别是受德国的达尔文主义者海克尔的影响，一心想寻找人类的远祖。当时荷兰的殖民地东印度群岛，地处热带，生活着猿类中的长臂猿和猩猩。杜布瓦在 19 世纪 80 年代末出发到印尼，事前就公开宣布，要在这里寻找人和猿之间的"缺环"。他雇用了 50 个犯人，沿着爪哇的梭罗河寻找。经过几年的努力，终于在 1890 年在东爪哇的凯登布鲁伯斯发现了一块下颌骨。1891 年，在特里尼尔村发现了一个具有许多猿的性状的头盖骨；1892 年又在同一地方发现了一根与现代人相似的大腿骨，表明大腿骨的主人已能两足直立行走。杜布瓦认为头盖骨和大腿骨是

直立猿人

属于同一个体的，于是在 1894 年发表文章，将之定名为直立猿人。他相信它是现代人的祖先。

　　在 19 世纪末杜布瓦的发现之后的 40 多年中，陆续有猿人化石发现。

　　1931 年，荷兰古生物学家孔尼华去印尼。1936 年，他在莫佐克托附近珀

宁的山腰上，在特里尼尔层位以下的哲蒂斯层，发现了一个大约 5 岁小孩的头骨化石，地层时代为早更新世。他认为它是属于猿人的。以后又在多处发现猿人化石。

爪哇的直立猿人的复原身高为165～170 厘米，身材细长；股骨体上部有增生骨质，对此有多种解释，最合理的一种解释是因外伤而造成的。

股 骨

股骨是人体最长最粗壮的长骨。股骨位于四肢动物的下肢（或后肢）深面。股骨最常见的病变是股骨骨折。

关于直立猿人的大腿骨，除1892 年发现的 I 号外，以后从杜布瓦的助手运送到荷兰莱顿的化石箱中又找出了五根股骨，估计是在1900 年发现的，其中股骨 Ⅱ～Ⅴ号是属于猿人或智人的。至于另一根股骨Ⅵ，则被认为不是灵长类的。

关于爪哇猿人的年代，出产莫佐克托猿人化石的一层，其年代经测定为190 万 ±40 万年前；桑吉兰的年代平均为 83 万年前；特里尼尔的最上一层为49.5 万 ±6 万年前，其下一层为 73 万 ±5 万年前。

在印度尼西亚，至今已发现男女老少的 30 多个直立人的化石；以单个牙齿为代表的不计算在内。地点共有五个，即桑吉兰、桑邦甘马切、特里尼尔、凯登布鲁伯斯和珀宁。这几个地点分布于中爪哇和东爪哇，都在肯登山以南梭罗河沿岸，地质时代从中更新世到早更新世。

关于爪哇的地层顺序，传统的分法是根据不同的动物群划分为三大层，每一层代表一个大的时期。最早的是哲蒂斯层，地质时代为早更新世，在此层的上三分之一内发现了人化石；其上为中更新世的特里尼尔层，也有人化石；更上为昂栋水平层，也有人化石，但是否属直立人，尚有不同意见。从1982 年以来，德·沃斯等一再指出这种划分是不正确的。根据他们近年来在桑吉兰地区的工作，认为哲蒂斯层并不比特里尼尔层为早，因此在此层发现的莫佐克托人并不比特里尼尔层的爪哇直立猿人早，相反要晚些；更晚是凯登布鲁伯斯层，最晚是昂栋层。

中国直立人化石的发现从周口店开始。

周口店过去是北京西南大约 48 千米处的一个村子，现属北京市房山区。村西有个小山，由于开采石灰岩烧石灰的当地人民曾在这里发掘出许多动物化石，俗称"龙骨"，于是这个小山就被叫作龙骨山。

龙骨山洞口——北京人化石发现地

1921 年，瑞典的地质学家安特生和奥地利的古生物学家师丹斯基到龙骨山进行调查和发掘。1923 年夏，师丹斯基再次到此发掘，发现了两颗似人的牙齿；1927 年开始系统地发掘，发现了一颗保存完整的似人的下臼齿；经当时北京协和医学院的解剖学教授加拿大人步达生研究后，定名为"中国猿人北京种"或"北京中国猿人"，现今分类上一般叫"北京直立人"，俗称"北京猿人"或北京人。猿人洞（周口店第一地点）的大规模发掘工作从 1927 年开始，其后持续不断地一直进行到 1937 年，由于日本侵略中国而中断。1928 年至 1935 年负责周口店发掘工作的裴文中，在 1929 年 12 月 2 日发现了第一个完整的头盖骨，从而揭开了人类发展史上重要的一页。

在 1949 年新中国成立之前的连续十一年的发掘中，共挖得北京猿人的头盖骨 5 个（最早辨认出的头盖骨），头骨碎片 15 块，下颌骨 14 块，牙齿 147 个。此外，还发现一些破碎的肢骨，包括股骨、肱骨、锁骨和月骨。这些化石代表男女老少 40 多个猿人。同时发现有一百多种动物化石，多种植物化石，以及几万件石器和大量用火的遗迹，使周口店成了猿人阶段的典型地点。

从 20 世纪 20 年代开始，到 1949 年的 20 多年中，经过正式发掘的旧石器时代遗址，除周口店以外，只有宁夏水洞沟和内蒙古大沟湾，此外仅有一些零星的发掘。

新中国成立以来，我国新发现的猿人化石地点有云南元谋，陕西蓝田公王岭和陈家窝，安徽和县，湖北郧县和南京汤山。在周口店的第一地点也有新的材料发现。在湖北郧县和河南南召县也发现了猿人牙齿化石。

周口店第一地点在新中国成立后很快恢复了发掘。1949年和1951年发现猿人

北京猿人头盖骨

五个牙齿和两段肢骨，其中胫骨化石是在周口店首次发现的。1959年，发现了一个相当完整的女性下颌骨。1966年，发现了一个额骨和枕骨连颞骨部分，与分别在1934年及1936年发现的两块头骨破片拼合成一个相当完整的头盖骨。这就是北京猿人第5号头盖骨。另外还有单独的一颗牙齿。在第一地点也发现了大量旧石器、用火的遗迹和多种哺乳动物化石。

北京猿人头骨低矮，头骨最大宽位置在颅骨基部。额骨低平，明显向后倾斜。眉脊非常粗壮，而且向前方极为突出；左右眉脊被粗壮的眉间隆起连成一体，构成眶上圆枕。其上方有一明显的圆枕上沟与额鳞分界。眶后明显缩窄。头骨正中有发达的矢状脊，始于额结节上方，向后至顶孔间区消失。颅顶在矢状脊两旁明显平扁。头骨枕部有很发达的枕骨圆枕，不仅横贯，而且向外向前延至乳突部。枕骨的枕平面与项平面交成明显的夹角。颅骨很厚，颅骨中的额骨、顶骨、颞骨和枕骨的平均厚度为现代人的一倍。额窦很发达，面骨粗大，眼眶深而宽阔。鼻骨很宽，鼻梁较为平扁。梨状孔矮而宽，无鼻前棘。颧骨很高，颧面如蒙古人种那样，朝向前方。腭骨较高，表面粗糙。上面部较宽、较矮。上颌明显向前突出，为突颌型。

北京猿人的脑量平均为1088毫升（依五个成人头盖骨计算），比南方古猿（平均为502毫升）的脑量大一倍，表明北京猿人的脑子与其前的早期人类相比，有了明显的扩大。

北京猿人的下颌骨远比现代人粗大，男性尤为明显。下颌骨宽度也大。

无字天书——化石

前部明显向下后方倾斜。下颌角较现代人为小。下颌齿槽弓呈马蹄形，长而窄，无颏隆凸，多颏孔。下颌体的内面有条痕状和结节形的下颌圆枕。下颌支很宽，肌突宽而厚，表明附着其上的颞肌相当发达。

北京猿人的牙齿无论齿冠还是齿根都比现代人粗大，牙齿咬合面有复杂的纹理。齿冠基部有发达的齿带。牙齿髓腔大，属牛齿型。门齿齿冠的舌面呈明显的铲形（这也是蒙古人种的特征），有发达的底结节和指状突。上犬齿大，呈圆锥形；下犬齿较小、略尖，似门齿状。下第一前臼齿为双尖型。牙齿萌出的顺序似猿类，第二上臼齿先于门齿萌出。乳犬齿最后萌出。

广角镜

人的牙齿

与别的组织器官不一样，人类的牙齿有个奇怪的特点，一生中可以长出两次。一次是从五六个月开始到两岁左右长满 20 颗乳牙，到六七岁时开始脱落。脱落以后再长出来的叫恒牙。大多数人到 20 岁左右，牙齿的大换班过程才结束，这时，一个人嘴里有 32 颗恒牙。

知识小链接

沼泽的特征

沼泽是一种特殊的自然体系，也属于一种湿地。沼泽的三个特征相互制约：地表要有薄层积水或经常过湿；土层有泥炭的形成或积累；地表上要生长湿生植物或沼泽植物。

北京猿人的肢骨总的特征很像现代人，但也显示出一些原始性状。例如，股骨稍稍向前弯曲，股骨干上部平扁，髓腔很小而管壁较厚。肱骨和胫骨也是骨壁厚、髓腔小。

北京猿人的肢骨与现代人的差别较小，而头骨则带有许多明显的原始性质，因而国外有人认为周口店同时存在着两种人，一种是以肢骨和物质文化（石器和用火遗迹）为代表的进步的人，另一种是以头骨为代表的原始的人；北京猿人头骨是进步的人猎取原始的人为食，吃尽脑髓以后留下的。

20 世纪 50 年代初，又有了新的解释，认为猿人的体质形态显示人体各部分发展的不平衡性。在人类进化过程中，首先是两足直立行走姿势的确立，手从支持作用中解放出来，制造和使用工具进行生产劳动。人脑是在直立行走确立之后，在长期的生产劳动的实践中发展起来的。

石器是北京猿人用来同大自然作斗争的重要工具。他们已懂得对不同的石料采用不同的加工方法，主要有锤击法、碰砧法和砸击法。石器已有多种类型，主要有砍砸器、刮削器和尖状器等几大类。

火是北京猿人用来同大自然作斗争的另一种手段。从遗址中发现的木炭、灰烬，燃烧过的土块、石块、骨头和朴树籽等表明，他们已经知道用火，并且有长期用火的经验。

与北京猿人伴生的哺乳动物中有犀牛和象，表示当时周口店一带的气候比现在温暖。他们周围的自然环境也比较复杂。例如，有适于水栖或水边生活的大河狸、水獭、水龟和水牛等，表明在周口店附近有较大的沼泽和河流；有许多猕猴、虎、豹和斑

北京猿人用火

鹿等，表明附近有森林和山地；有马和羚羊等，表明在不远的地方有草原；有骆驼和鸵鸟，表明就在不太远处有沙漠。这些不同的地貌类型可能同时存在于周口店的四周，但可能分别代表着不同时期的环境。对猿人遗址中孢子花粉的研究，也表明在北京猿人生活的漫长时期中，气候曾经历过差异不大的冷暖变迁。

◎ 非洲直立人化石

非洲的"直立人"化石主要发现于东非的肯尼亚、坦桑尼亚和北非的阿尔及利亚。

1974—1975 年，考古学家理查德·利基在图尔卡纳湖东岸的库彼福勒沉积中发现了相当完整的女性直立人颅骨 KNM – ER3733。其年代测定为距今大约 180 万年。这是非洲、也可能是全世界已发现的最早的直立人化石之一。其脑量为 850 毫升。眉脊明显前突，与额部一深沟分隔；头后的枕圆枕厚而粗大；鼻梨状孔宽阔，有明显的下缘和突出的鼻骨；面宽与额宽相比，相对较小；后

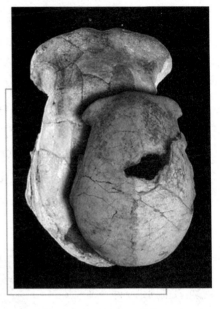

在肯尼亚发现的直立人化石

趣味点击

身高的变化

一个人的身高在一天中会有变化，人刚起床时会比入睡时高出两厘米。为什么会这样呢？这是因为日间直立的姿势压缩椎间盘，而睡眠时椎间盘得到放松恢复原有高度。

而且宇航员们在失重的状态下也会增高 5~7 厘米，回到地球后会逐渐恢复到原有高度。

部牙齿的大小适中，前部牙齿缺失，从齿窝推测，其尺寸与能人接近。初步的描述显示，它很像较晚的周口店的女性"直立人"头骨；非洲直立人的颅穹窿小得多，额部较少隆起，面部较大。

另一头骨 KNM – ER3833 较不完整，其年代为距今 150 万 ~ 130 万年，脑量估计为 850 毫升，但其形态与上述头骨非常相似，只是较为粗壮、

颅骨较厚，似为两性差别。

1985 年 8 月，理查德·利基和沃克于 1984 年在肯尼亚西北部图尔卡纳湖西岸的纳里奥科托姆地点发现了一具近乎完整的直立人骨架，包括头骨、肋骨、脊椎骨、上下肢骨等共 70 多件，原先定为 13 岁，后改为 9 岁，男性，但身高已达 160 厘米，脑量估计为 700 ~ 800 毫升。其个体生活年代接近 160 万年前，被认为是至今已发现的最完整的最早的直立人化石。

在奥杜韦峡谷层位上部，发现一个编号为 OH－9 的面部缺失的男性颅骨，保存有部分颅底和鼻根部。其颅骨粗壮，颅底宽阔，额部适中后斜，眉脊粗厚和突出的程度超过任何已知的人科成员；但颅顶的骨壁相当薄，脑量很大，达 1067 毫升。其年代为距今 70 万年。另外，在层位Ⅳ中发现一块大的髋骨和一段股骨干，属同一个体，其性状与肯尼亚发现的有些相似。

在突尼芬发现了一块顶骨和三个相当完整的下颌骨和几个单个的牙齿，曾被命名为毛里坦直立人。其脑量为 1300 毫升。根据伴生的动物群判断，其年代在 70 万年左右。

◎ 欧洲直立人化石

1907 年在德国海德堡附近的采石场莫埃尔发现一个完整的下颌骨，曾被叫作海德堡直立人。下颌骨大而粗壮，上支很宽。可是牙齿，特别是后部的牙齿特小。年代不确定。一般认为它可能是欧洲最早的直立人。

1965 年，在匈牙利的维尔泰斯佐洛斯发现了以一乳犬齿和一臼齿为代表的幼年个体和以枕骨的大部分为代表的成年个体。幼年个体的牙齿与周口店"直立人"的很相似。成年个体的枕骨厚，有很发达的枕圆枕。其脑量为 1325 毫升。

1977 年，卡斯特罗等在西班牙发现的人类化石，距今大约 78 万年，定为人属新种，命名为人属先驱人，认为它是尼安德特人和现代人的共同祖先。

智人化石

智人最早出现在 20 多万年以前，可能和直立人共同存在了一段时间，甚至有人主张将直立人并入智人人种，取消直立人种这一分类。

随着早期智人的出现，脑子很快就达到了平均大约 1400 毫升。从那时就一直保持着这一脑容量，只是男女之间稍有差别，这与男女的平均体重和身高有关。但个体之间的差别确实很大。在现代人群体中，脑量与实际的智力水平并无关系。脑袋小的人可以很聪明，脑袋大的人并不一定聪明。

基本小知识

智力的含义

智力或智能是指生物一般性的精神能力。这个能力包括以下几点：理解、计划、解决问题，抽象思维，表达意念以及语言和学习的能力。

在人类进化过程中，脑量急剧增加，这可能与某种智能的改善，如制造工具的技能、语言愈加复杂化等有联系。

智人的脑量基本保持不变，但脑子的形状在改变着。智人化石的头骨上仍保持着隆起的眉脊，较厚的骨壁，面部仍然有些像猿那样地向前突出。

智人一般分为早晚两期。从大约 10 万年前晚期开始，解剖

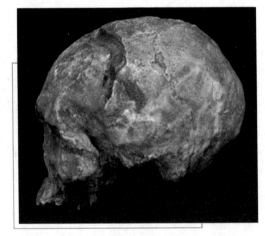

智人头骨化石

结构上的现代人才出现。

在亚、非、欧三洲，都发现有早期智人化石。

在亚洲，发现早期智人化石的，有我国辽宁营口的金牛山，陕西的大荔，广东曲江的马坝，山西阳高的许家窑和襄汾的丁村，湖北的长阳；有印度尼西亚的梭罗河昂栋。

在非洲，有埃塞俄比亚的博多，赞比亚的布罗肯山。

在欧洲，有德国的尼安德特，希腊的佩特拉洛纳，法国托塔维尔的阿拉戈。

早期智人中最早发现的是尼安德特人（简称尼人），因而过去曾把这一阶段的人类化石统称为尼人。现在所说的尼人，主要是指在欧洲及其邻近地区发现的这种类型。

1856 年 8 月，在德国杜塞尔多夫城附近的尼安德河谷的一个山洞里，工人在清除洞中的堆土时，发现了一个成年男性的颅顶骨和一些肢骨化石。这是尼人

拓展阅读

象的鼻子为什么那么长？

这是大象适应环境经过漫长的年代演化而来的。原来象的祖先的鼻子和个子都没有现在这样大。后来，由于对生活环境的适应，身体渐渐高大，四肢越来越长。为了从地面取食，在长期生存斗争中，象的上唇慢慢延长了，鼻子在上唇上边，自然也逐渐伸长，这样取食、拾物就更方便了。

化石最早的发现。实际上，早在 1848 年，在直布罗陀就发现过这种人类化石，但当时没有引起人们的注意，直到 1864 年才发表出来。以后在许多地点陆续有这种化石。

迄今为止，已有大量的尼人化石发现，其数量之多，仅次于南方古猿类。许多尼人化石是在洞穴堆积中发现的，因为骨骼在洞穴中易于保存下来。尼人化石的年代最早的距今 13 万年，最晚的距今 3.4 万年。通常与莫斯特石器同时发现。其分布范围很广，西起欧洲的西班牙和法国，经中欧和东欧，到亚洲的伊朗北部，更往东到中亚地区的乌兹别克斯坦，南到巴勒斯坦，北到北纬 53°线所涵盖的广大地区，都有发现，地点数目在 50 个以上；骨骼化石

包括男女老幼（婴儿）；许多地点不仅有头骨还有头后骨骼。至少有 14 个成年尼人头骨被测定了脑量，从小于 1300 毫升到超过 1700 毫升，平均大约为 1500 毫升。

　　总的来说，尼人头骨较为平滑圆隆，直立人所有的增强结构都减弱或消失了。从后面看，头骨的轮廓近乎圆形。颅骨壁的厚度，从大多数直立人的平均 10 毫米变为 8 毫米。就颅骨的长度和宽度相对来说，较为平扁，属扁头型，但颅底的结构仍显示直立人的形态，还没有向现代人的方向转变。中空的乳突明显比现代人大。

　　面部和上、下颌骨的尺寸没有减小，其面部（从眉脊向下到上齿列）向前突出的程度与直立人相似。欧洲尼人的一个特殊形态是其鼻部异常前突，这可能与当地的气候有关。大的牙齿和上腭，决定尼人不可能有像现代欧洲人那样狭窄的鼻腔，而是大大地扩大鼻腔；而鼻腔是不能向后扩大的，所以只有向前方扩展而突出。由此设想活的尼人，其鼻梁可能像现今欧洲人那样高、像非洲人那样宽，鼻孔可能更朝向前方。

　　年纪较大的尼人，有一个奇怪的特征，就是门齿的外侧缘严重磨损，这是在制造工具时常用门齿咬绳索之类的东西造成的，这种类型的磨损现在仍然可以在因纽特人中发现，只是程度上要轻得多。

原始人的生产生活

REN SHI ZENME LAIDE

　　从古猿进化到人类的过程中，产生了南方古猿，他们就成为了最早的原始人。南方古猿掌握了制造粗陋的石器工具的技巧，进化成了能人。能人有较发达的脑子与思维能力，有了最初的语言，制造的工具比以前先进。由于生产条件的改变，一部分能人进化成了直立人，直立人脑子明显增大，他们已初步学会使用与控制火了，并且有了一定的狩猎技术，使得人类的发展有了明显的进步，扩大了地理与生态范围。社会是向前发展的，开始出现了智人，这又是原始人的一大进步，这时制作工具更加多样化与专门化，形成了一定的文化习俗，人类的经济生活和艺术有了很大进步。

南方古猿的进化

我们已经知道，在古猿进化到人类的过程中，产生了南方古猿。他们成为了原始人类。在距今 3000 万～500 万年前，地球上生活着许多种古猿。它们是哺乳类动物中灵长类的一支，生活在广袤无垠的森林里，不断地在大自然法则的筛选中进化着。

这些古猿属于不同的种类，其中一种生活在非洲南部，被称作南方古猿或南猿。它们是一种新类型的古猿，是从原始古猿过渡到人类的类型。

南方古猿生活在距今 420 万～100 万年前。它们的骨骼支架部分已经适于直立行走，但手臂仍然比较长，肩部肌肉比较发达，趾也很长，适于抓握。因此，南方古猿能直立行走，也能在森林中攀缘，但还不适于在草原上长途跋涉和奔跑。它们生活在由十多人组成的小集群中，相当于一个扩大了的家庭。

粗壮型南方古猿生活图

当时的南方古猿可以分成两个主要类型：纤细型和粗壮型。纤细型南方古猿又称非洲南猿，身高在 120 厘米左右，颅骨比较光滑，没有矢状突起，眉弓明显突出，面骨比较小；粗壮型南方古猿又叫粗壮南猿或鲍氏南猿，身高约 150 厘米，颅骨有明显的矢状脊，面骨相对较大。从牙齿来看，粗壮型南猿的门齿、犬齿较小，但臼齿硕大，以植物性食物为主，而非洲南猿则是杂食的。正是这些纤细型南方古猿进一步演化成了人，而粗壮型南方古猿则在距今大约 100 万年前灭绝了。

南方古猿的智力水平相当低下，脑量一般只有 450～550 毫升，比黑猩猩

350～450 毫升的脑量大一些，比人 1200～1500 毫升的脑量则小得多。尽管如此，毕竟它们有着当时动物中最聪明的大脑。在长时间的生活经历中，它们掌握了应用、制造粗陋工具的本事，就像今天会选择、制造合适的树枝钓取白蚁的黑猩猩一样。一部分南方古猿已经开始能够制造很粗糙的石器。

南方古猿的身体构造是跟它们的生活方式有密切联系的。它们已经不是森林动物，它们生活在树木比较稀少的开阔地方，过的是地面上的生活。

猿类本应该过着树栖生活，那么为什么南方古猿会成为特殊的直立行走的一支呢？这跟地理变迁和环境变化有关。

在地势的变迁中，原来温暖的地方可以逐渐变成寒冷的地方，寒冷的地方可以逐渐变成温暖的地方。原来潮湿的地方可以逐渐变成干燥的地方，干燥的地方可以逐渐变成潮湿的地方。在远古时代，南部和东部本来是气候潮湿的动物乐园。但随着大陆的漂移和地势的变迁，那里逐渐变得干燥、炎热，不再适宜于森林生长。

拓展阅读

大陆漂移学说的内容

大陆漂移学说的主要内容是：远古时代的地球只有一块"泛古陆"或称盘古大陆的庞大陆地，被称为"泛大洋"的水域包围，大约于 2 亿年以前"泛大陆"开始破裂，到距今约二三百万年以前，漂移的大陆形成现在的七大洲和五大洋的基本地貌。

大片的森林因此消失了，连绵不断的树海逐渐变成遥遥相望的树岛。树岛之间的开阔地，被杂草所覆盖。

生存环境的变化，迫使一些动物在森林开始缩减时向有树木的地方迁移，其他的则坚持留在原来的地方。

古猿主要的食物是果实、嫩叶和一些可吃的植物根，有时也吃一些小动物或鸟蛋。森林变小的时候，生存空间和食物便显得不够。为了维持生活，它们不得不到地面上来寻食。这样，在时间的流逝中，它们在树下活动的时间越来越长。慢慢地它们开始在陆地上生活了。

知识小链接

遗传变异

遗传从现象来看是亲子代之间的相似的现象。它的实质是生物按照亲代的发育途径和方式,从环境中获取物质,产生和亲代相似的复本。亲代与子代之间、子代的个体之间,是绝对不会完全相同的,也就是说,总是或多或少地存在着差异,这种现象叫变异。

陆地生活使古猿必须更多地使用双脚来走路,能适应这一变化的古猿生存了下来,不能适应的则仍旧回到了树上,或者死在陆地生活中。适应了陆地生活的古猿依靠遗传的变异,在长时期的历史过程中逐渐在身体构造和生理上发生了变化,慢慢地进化成能够直立行走的南方古猿。

南方古猿狩猎图

过长的手臂不适合陆地行走,古猿在进化成南方古猿的过程中逐渐解放了双手,由双脚承担更多的行动重任。空出来的双手承担了其他工作。南方古猿很快发现,它们不仅可以用手来拾取食物,还可以用手抓住石块、木棍来狩猎、自卫。而且,过去用树枝去挖植物的块根做食物,本来是一种偶然的动作,现在由于环境的变化、生活的需要,就要更多地这样做了;过去,用石头去敲坚果本是一种偶然的动作,现在也逐渐变成经常的动作了。于是,在越来越频繁的不同使用中,南方古猿的手和脚进一步分工,向人的手和脚进化。这种变化使南方古猿逐渐减少用颌部和牙齿做武器、工具。于是,它们的颌部逐渐缩短,牙齿特别是犬齿逐渐缩小,脑量逐渐增大。这样,它们的头部就逐渐发展成为人的样子。

现在的问题是南方古猿必须面对新环境带来的危险。在树上生活的时候，陆地上猎食者对这些古猿毫无办法。但现在，古猿来到了地面，而且在寻找食物的过程中离森林越来越远。以前，它们在地面上碰到猛兽还可以爬到树上去。现在，它们没树可躲，而且发现逃跑的速度远远不及猎食者。于是，南方古猿中强壮的雄性首先站出来履行保卫家族的职责，他们大声叫喊，投掷石块，投掷能抓到的一切东西。猎食者被吓跑了，被砸伤了，被打死了。这种有效的方法开始被全面推广，应用到保护自己、捕猎食物中。

这样，南方古猿用手，用天然的"工具"，用智慧，用集体的力量，逐渐地可以与猛兽抗衡了。从此，它们的生活比较自由了：它们放心地拓展活动范围，拥有了更大的生存空间。它们经常地、集体地从一座小林子走到另一座小林子。起初是蹒跚地走着，以后就能够稍稍挺直身子，昂着头走路了。这样，由于挺起胸膛，它们能够看得更远，更容易发现远处的敌人和食物。这是一个缓慢的演变过程。但是那时候，它们有的是时间。在这过程中，人类的祖先逐渐学会了昂起头走路，学会了用手制造一些粗糙的工具，它们学习的能力提高了。

南方古猿学会了直立行走，解放了双手，比较宽泛的食谱和各种食物则让它们的身体更好地发育。它们变得更聪明和更强大了。它们与自己原来的同类已经天差地别，成为了最原始的人类。

能人、直立人、智人的斗争

南方古猿掌握了制造粗陋的石器工具的技巧，进化成了能人。他们的脑容量，男性达到了 700 ~ 800 毫升，女性达到了 500 ~ 600 毫升，智力水平与古猿相比已经有了很大提高。

能人继续在非洲过着他们的新生活。新鲜经历的刺激，生存条件的改变，双手的解放等等，促使能人慢慢地继续进化，其中的一部分就进化成了直立人。

相比于能人，直立人的大脑已经明显增大，早期成员的脑量就已经达到 800 毫升左右，晚期成员则上升为 1200 毫升左右。不仅仅是体积增大了，直

非洲直立人用火烤制食物

立人大脑的结构也变得更加复杂，并发生了重新改组，能够产生相当复杂的文化行为。并已经有了掌握有声语言的能力。

直立人的牙齿也发生了变化：后部牙齿减小，使相应的牙床和支持面部及下颌骨的骨结构减小，这与直立人经常以肉食代替植物性食物有关；前部牙齿扩大了，可以撕扯肉食。

直立人面部比较平扁，身材明显增大，平均身高达到了160厘米，体重达到了约60千克。他们是最早用火的人类物种，也是最早制造石器的物种，并由此创造了以这种石器组合所代表的阿舍利文化，主要代表工具就是由燧石结核打制而成的石斧。这种石斧一端圆钝，是用手抓握的部分；另一端尖利，可用来切割、砍砸和钻孔，也可对木料进行加工。

拓展阅读

天　葬

天葬：把尸体暴露在自然界，让野兽、飞鸟吃掉，为中国西藏藏族人和一些北美印第安人的传统。旧时蒙古有把死者尸体喂狼群的风俗，认为借由此方式可以让死者升到"腾格里"（长生天），一般认为这也是天葬的一种形式。

与能人不同，直立人已经完全脱离了树栖生活，身体结构不再适合于攀缘。最显著的变化是：直立人既能依靠双脚行走，也能够用双脚奔跑，这在之前的时代里是从来不敢想象的。

直立人所具有的一系列进步性特征，大大地扩大了其适应性。因此，在与能人共同在非洲生活了一段时间之后，直立人再不像能人那样仅仅在非洲的原野上徘徊了。在一次气候异变的影响下，他们走出了非洲，散布到亚洲的广大区域以及欧洲的许多地区，去寻找更好的生存环境。

一部分直立人在漫长的迁徙中抵达了欧洲。当时，那里远比现在温暖得多，直立人在那里居住了很长时间。进化仍在悄悄进行，定居欧洲的直立人在约 60 万年前的时候进化为海德堡人，而海德堡人又在距今 30 万年前进化为尼安德特人。

尼安德特人已经与他们的直立人祖先大不相同。他们的脑容量已经达到 1200～1750 毫升，比现代人还高，因此他们比直立人更聪明。他们已经学会把动物的骨头绑起来做饰物装扮自己，学会安葬死去的同胞，学会制造和使用细小的尖状器、刮削器，学会使用火并懂得如何生火。种种迹象表明，他们已经属于早期智人。可惜的是，他们如此大容量的大脑并没有得到有效的开发利用，智力远比现代人要低。

与住在欧洲的同胞一样，抵达亚洲的直立人也在向前进化着。一些来到今天中国境内的直立人，在距今约 70 万年前进化成了北京人，并在这时学会了用火。他们差不多与非洲同胞同时进化成为早期智人，拥有了更加丰富的生活内容。

直立人虽然拥有更多进化赋予的长处，但毕竟尚未拥有足以应对一切困难的能力，数量也不占优势。因此，从非洲走出去的直立人并不算多，分散到欧亚大陆各处后，各个地方的直立人群体数量就显得更少了。正因为这样，欧亚大陆的早期智人数量非常稀少，甚至可能已经到了不得不近亲通婚以维持种族繁衍的地步。

在欧亚早期智人与命运做苦苦挣扎的时候，留在非洲的直立人也已进化为早期智人，而且他们的进化并没有像欧亚同胞那样止步不前，而是继续进化为晚期智人。

晚期智人又被称为"新人"。他们是一类生活在 5 万年前至 1 万年前的古人类。晚期智人额部垂直，眉脊微弱，颜面广阔，下颌明显，身体较高，脑容量大。这些特征已很接近现代人。他们会制造磨光的石器和骨器，会钻木取火，会在岩壁上作画消磨时光。他们已经能用兽皮缝制衣服，还会将兽牙和贝壳钻出小孔用皮绳穿起来做饰物。他们已有相当高的捕鱼技术，并且男女已有明确分工，男人打猎捕鱼，女人采集和管理氏族内务。女性已经成为氏族的中心。

当时的地球正处于冰河期，非洲也面临着严重的干旱。不断扩张的沙漠成了古人类无法抵挡的威胁，它把人们分割成彼此孤立的小群落，独立生活在海岸线周围的小森林里。迫于生存需要，一部分晚期智人像他们的前辈一样走出了非洲。与前辈不同的是，他们拥有更多的同行者——人类的数量因为生产力的进步已经有了惊人的增长。自信的晚期智人开始向全世界进军，连澳洲都留下了他们的足迹。

晚期智人在欧亚遇到了他们同根同源的同胞——早期智人。虽然同是来自非洲，但此时他们

拓展阅读

沙漠里的植物

沙漠上的植物分布比较稀薄，但是有很多品种。美国西南部的沙漠里的柱仙人掌可以活 200 年，长到 15 米，10 吨，成为沙漠里的树木。豌豆类和向日葵类植物也可以在干燥酷热地域生存。梭梭也是沙漠中独特的灌木植物，平均高达 2~3 米，有的高达 5 米，被称为"沙漠植被之王"，寿命也可达百年以上。春季冰冷的沙漠里一般长草或灌木丛。

的处境却有天壤之别。在冰川期的环境下，没学会用兽皮做衣服的早期智人已经面临穷途末路，晚期智人则拥有辉煌的未来。

这次历史性的会面意义深远，可惜当时的古人类没有纸笔，没有文字，没有将经过记录下来。

由于分属不同的族群，晚期智人与早期智人之间曾爆发过许多战争。数量稀少的早期智人根本不是晚期智人的对手。他们打了败仗，被驱赶到更难以生存的地方。

两种智人之间也不全是战争。毕竟，他们的差异并不大，或许还能彼此沟通。两种智人之间甚至有过通婚，而生出来的后代则加入晚期智人的序列，继续着进化之旅。

很突然地，不知是因为晚期智人的屠杀还是因为无法适应环境，早期智人灭绝了。他们倒在了进化道路的中途。而晚期智人则继续镇定地与自然抗衡，继续向完美的人类进化。

在世界各地开始生存发展的晚期智人，很快就适应了各种各样的生存环境。他们掌握了更多技术，创造了程度更高的文明。他们用了短短几万年的时间，就成功地进化成了现代人。

能人的生产生活

用显微镜观察能人遗址处的大量石片，发现石片上有各种不同的擦痕，这些擦痕有些是由于割肉，有些是砍树木，其余是由于切割草类等较软的植物而形成的。

基本小知识

显 微 镜

显微镜泛指将微小不可见或难见物品的影像放大，而能被肉眼或其他成像仪器观察的工清具。放大倍率和清晰度（聚焦）为显微镜重要因素。它是人类伟大的发明之一。

在奥杜韦层 I 和 II 中，同时发现有石器，称作奥杜韦文化。迄今在奥杜韦层 I 和层 II 下部的地层中，已发现十处奥杜韦文化的遗存，其中五处是生活面遗址，两处是屠兽遗址。

奥杜韦文化的石制品包括石核、石片和石器等。石器中，砍砸器和其他大型工具比小型工具更普遍。大型工具多由熔岩砾石制成，小型工具和石片则多用石英岩制成。奥杜韦文化的典型器物是砍砸器，数量最多，占全部石器的51%；通常用拳头大小的砾石制成，以砾石的自然面作为手握的部分。砍砸器的刃口比较粗厚而曲折，多数是从两面交互打击，但也有一小部分是从单面打击的。除砍砸器外，还有盘状器、多面体石器、圆形手斧、石球、大型刮削器、小型刮削器和雕刻器等类型。这些石器虽然比较粗糙，但已具有一定的类型，表明奥杜韦文化还不是最早的人类文化。在上述十处奥杜韦文化遗存中，有七处与能人化石直接共存。因此，一般认为能人是奥杜韦文化的主人。

基本小知识

砾　石

　　砾石是指平均粒径大于 2 毫米，小于 64 毫米的岩石或矿物碎屑物。砾石可以细分为细砾（粒径为 2～10 毫米），粗砾（10～100 毫米）和巨砾（大于 100 毫米）；典型的砾石比重为 1800 千克/每立方米。

　　除了制作石器以外，能人也通过狩猎和捡拾兽尸得到肉食。遗址中最常见的动物遗骸是成年的、中等大小的羚羊。

　　虽然没有石器与 ER1470 号人（能人）化石直接共存，但在库彼福勒地区发现了年代与它相近的石器文化，被称为 KBS 工业。它与典型的奥杜韦文化有些不同，几乎完全缺乏用石片制作的小刮削器和相似的类型，没有石球，石核工具和石片的平均尺寸稍小。

　　在埃塞俄比亚奥莫地区，发现大约 250 万年前的砾石工具。这是目前已发现的最早的石器，但没有发现同时的人科化石。

　　至于在石器时代以前，人类历史上是否存在过一个木器时代，现有的各方面的证据是否定的。虽然能人很可能也使用木器，但并不是以木器为主，更不是什么木器时代。

　　学者达特曾提出在石器文化以前有一个使用骨骼、牙齿和犄角为工具的所谓骨、齿、角文化时期，但也被否定了；虽然在奥杜韦遗址中发现的锐利的破骨可能是被用来挖掘的。

　　能人能制造工具，有较发达的脑子和思维能力，设想他们已有最初的语言。从身体结构上来说，头在直立姿势时，喉头的位置下移，使其上方能有一个产生声音的管道。前部牙齿的位置更加垂直，使口腔有较大的空间，也使整个口部能发出辅音和元音。各种迹象表明，语言、意识和工具，随着脑的扩大而同步向前发展。

直立人的生产生活

◎直立人的形态特征

直立人头骨平扁，骨壁厚，大部分厚度达 10 毫米（现代人通常为 5 毫米）。眶上脊粗壮，形成眶上圆枕，可高出 15 毫米。头骨后部的枕骨比颅顶几乎厚一倍，形成枕圆枕，是项肌的上界。枕骨脊沿头骨后部向前水平延伸，在两侧耳孔上方与乳突上脊相续，更向前到颧弓。

眶上脊与颧弓、乳突上脊和枕骨脊大约在头骨中部，水平环绕头骨一周，成为加强头骨的保护性结构。在此增强结构线以下，有面骨、乳突和项肌保护头骨的下半部。在此线以上，颅顶有厚的骨壁及其外覆的肌肉提供保护。在颞窝处骨壁较薄，则有额外的肌肉保护；肌肉愈厚，骨壁愈薄。

在直立人的整个系统中，这个加强系统没有明显的改变，颅顶的厚度也没有多大的变化。

直立人的脑子明显增大，从早期的 800 毫升左右增加到晚期的 1200 毫升左右。脑子增大，容纳脑的颅骨自然也要增大，但并不是各部分都同样增大，主要是颅骨的高度和长度的增大，其宽度则基本不变；只是由于颅底的增强，特别是海绵骨质的扩张而宽度稍有增大。

基本小知识

额 骨

额骨，组成颅骨的 29 块骨头之一。位于前额处。它可分为三部分：额磷、眶部和鼻部。它前与筛骨和鼻骨相连，后通过冠状缝与顶骨相连。额骨内前下方有称为额窦的空腔。

额骨的增大，可从晚期直立人如周口店的标本的有额隆突看出来，以容纳增大的脑的额叶。枕骨的增大包括脑的增大和项肌附着区的增大。脑的增

原始人的生产生活

大影响枕圆枕以上部分的枕平面，这部分的骨包容着脑的顶联合区的后部。在早期直立人和晚期直立人之间，这个枕平面的扩大，使它与项平面的比例有很大的发展。

直立人体重增加与身材的增大有关。直立人的身材明显比南方古猿大。南方古猿的平均身高为 140 厘米，平均体重估计为 40 千克，而直立人的平均身高为 160 厘米，平均体重估计为 60 千克，因而直立人体重的增加，一大部分是由于身材的增大。

脑子的增大不仅是体积增大。脑的扩大，也反映出它的结构变得更加复杂和重新改组。脑各部分扩大的程度也不一致。额骨和枕骨部分特别扩大，可能主要是脑的相应部分即额叶和顶后区的扩大。整个脑也扩大了，显然与复杂的文化行为如有语言的能力有关。语言能力的进化似与大脑两半球的不对称性的出现有关。周口店 5 号头骨两侧大小和形态的明显的不对称性，是表明已有语言能力的少数直接的形态证据之一，因而有理由相信直立人已有人类的有声语言。

直立人颅底的枕骨大孔的位置比南方古猿更靠前了。面部、颌骨和牙齿也发生了变化。颜面下部与南方古猿相比是缩小了，可是其颜面上部却扩大了，所以其平均面高（从鼻根点到牙龈点的高度）很少变化。直立人的面宽在其整个进化过程中在持续增大；由于额部的持续扩大，把虽已缩小的颞窝推向外侧，使面部变宽；另外也可能是由于前部牙齿的增大。因此，宽大的鼻梨状孔和分离很开的眼眶是所有早期直立人的特征。眼的扩大，增强了视觉，使脑与视觉有关的部分继续向后扩大。

直立人牙齿的变化，前部和后部明显不同。后部牙齿尺寸的减小，是早期直立人与南方古猿的最大的差别之一，这种变化明显地持续发生在整个直立人的进化系统中。后萌出的牙齿减小的程度比先萌出的牙齿为大，因而第二前臼齿减小的程度比第一前臼齿大，而第三臼齿（M_3）减小的程度又大于第二臼齿（M_2），M_2 又大于 M_1。南方古猿 M_3 大于 M_1 和 M_2，而晚期直立人则 M_3 小于 M_1 和 M_2。

支持后部牙齿的各种结构也减小了。在下颌，主要在下颌体的宽度大大减小，下颌体的高度变化较小，整个下颌骨的大小基本不变。

在上颌，后部牙齿及其牙根的减小，明显地缩小了颜面下部的尺寸，特别是鼻以下的部分；但其突出度没有什么改变。

颞肌前部的减缩，使两侧的颞线在头骨更后的位置才互相靠近，颞窝的尺寸减小。咬肌力量的减小反映在颧骨尺寸的大大减小上。

牙床的减小和支持面部及下颌骨的骨结构的减小，是后部牙齿的使用减少的证据。这与直立人阶段更多地和更经常地以肉食代替若干植物性食物有关，也是更有效地制备食物的技术发展的结果，如在较晚的直立人中能用火烧烤食物。

直立人的前部牙齿则有着相反的变化。在晚期直立人中，前部的全部牙齿都扩大了。上颌前部牙齿的宽度增大，特别是第二上门齿，几乎与第一上门齿等大。前部牙齿使用的增强，并不直接与咀嚼食物相关，似与用嘴来咬紧和抓住物品有关，也可能与制备动物性食物有关。如用牙咬紧肉食以便分割成小块，或为小孩食用而撕碎肉食等等。

前部牙齿扩大，使用时增大了其垂直负荷。额部倾斜的程度在机能上与眉脊的大小有关，倾斜度越大，眉脊越粗壮。反之亦然。在晚期直立人中，额部增高了，眉脊理应减弱，可是实际上并未减弱。这是由于上颌前部的垂直负荷相应地增大的缘故。

前部牙齿的水平负荷的增加，直接反映在项肌的附着面积在晚期直立人中几乎比早期直立人扩大了三分之一，可能与前部牙齿增大的水平负荷相当。

脑子增大，便影响骨盆的结构，使骨盆口变大，以便能产出脑子较大的婴儿。骨盆的改变自然也要影响整个身体的骨骼结构。

从中国、印尼和非洲发现的少量肢骨表明，它们与现代人差别不大。

直立人的两性差别比南方古猿为小，可是远比现代人为大。个体差别也很大。

◎ 直立人的生活

在直立人遗址中，以周口店北京猿人遗址最有代表性。

北京猿人的石器主要有砍砸器、刮削器和尖状器等几大类。用砂岩砾石打制成的大型的砍砸器，可用来砍伐树枝；用石英制成的小型的刮削器，有直刃、凸刃、凹刃和多边刃，可能是日常生活的用具；还有小尖状器和脉石英片，大概也是日常使用的工具；相当数量的石锤和石砧，则是用来制作石器的。

　　洞里还有相当多的破碎骨头，特别是鹿类的骨头。其中是否有部分是骨器，还是全部都是因取食骨髓而砸碎的，现在还不能确定。

　　洞里发现有木炭，很厚的灰烬层，燃烧过的龟裂的土块、石块和骨头，表明北京猿人已经知道用火，并且能控制火了。还有烧过的朴树籽等，可能是他们的食物

北京猿人使用的石器

之一。据报道在欧洲和非洲也有些地点有用火的遗迹，但不能肯定。

　　和北京猿人文化同时代或稍微早、晚一些的文化遗物，还发现于云南元谋、陕西蓝田、山西芮城区匼河、河南三门峡、湖北大冶以及其他地点。

　　在我国以外的其他亚洲地区，也在多处发现有旧石器时代早期的文化。如在印度、巴基斯坦、缅甸等地。

　　在欧洲，和直立人同时代的石器文化有阿布维利文化、阿舍利文化和克拉克当文化。

　　阿布维利文化也叫舍利文化。典型的阿布维利文化是在法国北部阿布维尔市郊索姆河畔的阶地上发现的，代表的工具是手斧。手斧是用燧石结核打

制成的，一端尖，另一端圆钝，是用手抓握的部分。主要分布在西北欧。手斧可用作切割、砍砸和钻孔等，也可对木料加工。

阿舍利文化是以发现地法国北部亚眠市郊的阿舍利而得名的，占优势的工具仍是手斧。此外，还有圆边刮削器和形状对称的尖状器。这里已出现了用木棒和骨棒打制的技术。石器的侧面和表面具有较阿布维利期为平直的刃口和浅平的石片疤。阿舍利文化主要分布在法国、西班牙、英国南部和意大利。

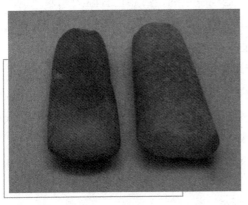

石 斧

和阿布维利—阿舍利文化在欧洲同时发展的还有克拉克当文化，最早发现于英国艾赛克斯的克拉克当，以石片为主。石器的主要类型有加工粗糙的砍砸器、刮削器和尖状器。除英国外，在法国南部也有这种文化遗址发现。

基本小知识

间 冰 期

间冰期是于一个冰河时期内部，分隔开相邻冰期的一段地质时代。间冰期全球平均气温较温暖。全新世的间冰期由1.14万年前的更新世末开始，一直延续到现在。

在东非坦桑尼亚奥杜韦层位Ⅱ中部，发现有制作较好的石器，许多是用大的石片做的。出现了梨形有尖的手斧，也归入阿舍利文化，但可能是由奥杜韦文化发展来的。这里还有以制作较粗的两面器为特征的"发展的"奥杜韦文化。

在非洲的其他许多地点，也发现有阿布维利—阿舍利文化的手斧等石制品。

原始人的生产生活

直立人生存的时期，气候基本上是较温暖的，自然也有温暖和寒冷的变迁和交替。北京猿人生活时期的周口店地区的气候，根据对遗址孢粉的分析，属间冰期气候，与今天华北的气候没有多大差别。

温带气候每年有寒冷的冬天，因而在洞穴中居住有着重要的意义。

植物的多种多样不仅提供了柴火，而且还提供了果实和种子，是直立人食物的重要来源。北京猿人洞的沉积中，有大量烧过的朴树籽，大概是猿人的食物之一。对沉积物所进行的孢粉分析证明，当时还曾有过其他的植物，如胡桃、榛、松、榆和蔷薇等等，这些植物的果实或种子也可能是猿人食物的一部分。

知识小链接

孢粉学

孢粉学是一门研究植物孢子和花粉的科学，研究范围包括现代植物和成为微体化石的古代植物的孢子和花粉。由于孢子和花粉个体微小，肉眼难以观察，所以孢粉学的研究始于显微镜发明之后。

狩猎是适应环境的一个重要手段，因为肉类可以比素食提供更多的热量和蛋白质。北京猿人洞中发现的大量各种大小哺乳动物化石表明，他们不仅猎捕小动物，还能猎捕大动物。在洞里发现大量的鹿类化石，有肿骨鹿和葛氏斑鹿两类，其所属个体不少于3000头，表明鹿类动物是北京猿人捕获最多的猎物。

非洲发现的直立人遗址通常是在水源附近，如河边、湖边或海边。大多数遗址是在离水不远的干草地区域。没有证据证明他们真正是在森林里居住。因此，"直立人"的群体是生活在其猎物最集中的地方。

非洲的直立人遗址，主要可分为居住处、屠宰处和采集处三类。较大的居住地可能维持50个人左右同时在一起生活，而许多小的遗址可能只容纳几个人。有些居住或生活遗址显示，有简单结构的居所如防风篱笆或掩蔽所，这里有着种类不同的各种工具。在屠宰遗址里，集中有用作宰割工具的许多锐利的石片和少数大的切割工具。采集遗址发现于与采集活动有关的森林附近或是植被繁茂的区域。这里有大量的粗糙的两面器，用来挖掘、砍砸和切碎植物性食物，也可能用于把可供食用的植物作若干初步的压碎和加工。

同样，遗址中的动物化石，表明非洲的"直立人"能狩猎中等的和大型的哺乳动物，包括大的狒狒。显然，狩猎是群体协作和有组织地进行的。

◎ 使用工具的狩猎活动

狩猎是人类赖以生存的重要谋生手段之一。直立人的狩猎活动有了很大的发展，他们已能制造较为复杂的工具，已能狩猎一些大动物。狩猎对直立人的大脑、躯干以及社会行为均产生了重大的影响。

在明显是直立人居住的遗址中，伴有大量的动物骨骼化石，许多是与人的大小差不多的、成年的、能快速奔跑而不易捕获的动物。与这些动物骨骼一起发现的有用来屠宰猎物的石器。可以肯定，直立人已能利用手中简单的工具狩猎大的动物了。

广角镜

叉角羚的眼睛

按比例来算，叉角羚的眼睛是北美有蹄动物中最大的，直径达50毫米；其生长位置相比其他食草动物更靠外、靠上。这使它拥有更广的视野，更容易发现靠近的天敌。而且视觉特别发达，能看到相当于人用8倍双筒望远镜看到的远处。但近视能力差，10米开外的人如果不动的话，叉角羚将很难察觉人的存在。

可是，使用那样简单的石器，直立人怎样能猎获人的动物呢？

近年来，有人调查了现代的一些实行狩猎—采集经济的部落的生产情况，发现他们用持续追赶的方法来狩猎，因而设想直立人开始就是采用这种方法来狩猎大动物的。

据报道，墨西哥西北部的塔拉休马拉印第安人猎鹿，持续追赶一两天，使鹿不停地奔跑。他们不用看见鹿，只要凭鹿的一些脚印便知道鹿群的去向。鹿跑得筋疲力尽而倒下了，常常是蹄子都已完全磨掉了。肖休恩印第安人用同样的方法狩猎北美的叉角羚。非洲的桑人骑马闯入一群羚羊中，使其分散

原始人的生产生活

和奔跑，然后选定一只持续追赶一天到两天，靠近时用矛将它刺杀。现在知道美国加利福尼亚州的一些印第安人部落也采用这种狩猎方法。澳大利亚土著的阿博斯人也用这种方法来狩猎袋鼠。

这种狩猎方法的共同特点是不同于悄悄行动，不用隐蔽，不用设陷阱圈套，不用快速奔跑，不用远距离的武器，甚至不用武器，而只要持续追赶，使猎物不能停下来吃草、喝水甚至不能有片刻的休息，一直保持惊恐状态，而且越惊恐则消耗的能量越大，越是慌不择路。

食草动物平时白天大部分时间在吃草，现在被人连续追赶就不可能吃草了。而猎人能吃随身携带的高蛋白的肉食，或预先吃得很饱直到狩猎结束再吃。特别是大多数大动物在白天最热的时候都在阴凉处休息，人则可利用此时机追赶。如果追赶的时间一天不够，人在晚上可以宿营，第二天再赶。猎物主要为中等大小的食草动物如鹿和羚羊，通常选择其中老、弱、病、残者追捕。这样的狩猎可少数人进行，而不一定要多人合作。因为猎人对猎物的习性和当地的地形了如指掌，可以跟踪猎物直到它倒下就擒。

自然，依靠这样的狩猎技术，肉食供应不可能是很经常的。采用植物性食物仍是主要的食物来源，狩猎只是食物来源的一种补充办法。

直立人的狩猎可能是在白天，这对他们是有好处的。因为大多数食肉类是在黎明和黄昏时出猎，白天狩猎可避免直接与这类猛兽竞争的危险。在今天的非洲，在白天狩猎的除人以外，只有野犬。野犬狩猎的对象主要是较小的动物。兽类的这一狩猎习惯，为白天成群活动的早期人类，空出了一个进行狩猎的生态灶。

狩猎对直立人的进化有着重要的影响。从行为上来说，人类的狩猎依赖技术（武器和肢解的工具）。在狩猎和采集中需要合作，要互相交往。食物的获得包括猎取猎物和采集植物，后者构成早期人类食物的大部分，几乎可以肯定是女性干的活，这从两性体形大小的明显差别上可以看得出来。可是技术在这种进化中比在狩猎的进化中更为重要；在获取和制备植物性食物上，工具极为重要。

更为有意义的是，有组织狩猎的发展，造成了人类生存方式的明显转变。更有效的狩猎成为保证获得动物蛋白质的一种方法，动物蛋白质最终成了一种惯常的和可预期的食物的一部分。狩猎活动有助于扩大早期人类的地理范围和生态范围。

智人的生产生活

◎ 早期智人的生产生活

到早期智人时期，制作石器的技术有了进一步发展，特别是旧石器时代早期之末所采用的修理石核技术，这时有了大范围的应用。

文化的地区性特征愈益显示起来。在西欧，以手斧为主体的阿舍利文化逐渐被以细小尖状器和刮削器为代表的莫斯特文化所代替；后者是尼安德特人所制造的。这种文化是由克拉克当文化发展来的，但受到阿舍利文化和勒瓦娄哇文化的影响。

基本小知识

石 核

石核是一个考古学术语，指在打制石器时，为生产石片所使用的石料，常见于旧石器时代遗迹中。

典型的莫斯特文化是从最早的发现地法国多尔多涅省的莫斯特而得名的。代表性的石器有尖状器和单边刮削器，大都是在洞穴中发现的。这时期也发现了骨器。

非洲的早期智人文化主要有南非的司蒂尔贝文化和东非的肯尼亚—莫斯特文化。司蒂尔贝文化包括原始的砍砸器、两面打制的厚尖状器、带缺口的刮削器和石球等。肯尼亚—莫斯特文化中的石器类型与欧洲同时代的石器大都相同，只是缺少单边刮削器。在刚果、西非和南非的森林多雨地区还有山果文化，在南非和东非的草原地区还有法尔司密斯文化。

原始人的生产生活

知识小链接

勒瓦娄哇技法

勒瓦娄哇技法是旧石器时代人类采用的一种打制石器的独特技法。它是一种在当时较为先进的技法，其主要技术特点是，在打下石片之前，先要对用来剥离石片的石核进行精心修理。使用这种技法打下的石片薄而规整，常常无须修整即可作为工具使用。因19世纪在法国巴黎近郊的勒瓦卢瓦－佩雷发现了使用该技法制作的石器而得名。

披毛犀复原图

在亚洲西部，在卡梅尔山的塔邦和斯虎尔两个山洞中，发现了大量勒瓦娄哇类型的石器。此外在伊拉克的沙尼达尔山洞，苏联的切舍克塔施，也出土相当多的莫斯特文化的石器。

我国这一时期文化遗物，主要发现于山西丁村和北京周口店第十五地点。

丁村文化分布于山西省汾河流域。文化遗物主要是石器，有厚尖状器、砍砸器、刮削器、小尖状器和石球等。类型都较规整稳定。其用途已有明显的分工：厚尖状器用于挖掘，砍砸器用于砍伐，石球用作狩猎的投掷武器等。

与丁村文化同时代或稍早的文化遗址，有周口店附近的第十五地点和第四地点。由第十五地点发现的石器，比北京猿人的石器进步，主要表现在打制石片的方法有了进一步的发展，这大概由北京猿人文化发展而来的。第四地点的文化遗物发现不多。由第四地点发现的两件磨平的骨片，或许代表人类磨制工具的开端。同时代的文化遗物还发现于贵州桐梓等处。

在欧洲，与莫斯特期人类伴生的动物主要有披毛犀、驯鹿、猛犸象、原始牛、洞熊、洞穴鬣狗、洞虎和骆驼等。其中猛犸象、牛和鹿可能是这些早期智人狩猎的主要对象。

这时候欧洲的一些地方，气候相当寒冷。大概是在莫斯特期的后期，冰川来临，生活在冰缘地带的尼安德特人或者往南迁徙，或者改变生活方式，改进与自然界作斗争的工具，以维持生存。

当时，栖息于我国北方的动物，主要有印度象、纳犸象、水牛、鬣狗、鸵鸟、鹿、野驴和野马等，属于黄土时期的动物群。栖息于我国南方的动物，主要有剑齿象、大熊猫、犀牛、貘、箭猪、鬣狗、熊等，以及属于中晚更新世的大熊猫—剑齿象动物群。我国南方和北方当时的气候仍处于温暖的间冰期。丁村人是在温暖气候中生活的。

基本小知识

剑齿象

剑齿象，已灭绝的哺乳动物，为长鼻目、真长鼻亚目、象小目、象总科、剑齿象科的一个属。头骨、腿比亚洲象和非洲象长，上颌的象牙又长又大且向上弯曲，下颌比较短，没有象牙。它们生活在距今 1160 万～11000 年前，地理分布仅限于亚洲和非洲的部分地区。

在这时期的许多遗址中都发现了大量的用火遗迹。在大多数尼安德特人的遗址中，发现有大量的火灰堆；在德国莫斯特文化遗址的废物堆中曾发现过干的蕈类，可能是作为引火物的，表明这时的人类不仅能用火，而且已能引火了。

这时期的人类，已经开始有埋葬死者的习俗。在法国圣沙拜尔发掘的一具成年男性骨骼，埋在一个岩棚中，旁边放着大燧石和石英岩碎块，以及野牛和驯鹿的骨骼。在莫斯特，一具青年骨骼，头下枕着一堆燧石。在费拉西，有两具骸骨，一男一女，埋在岩棚下两个相距约 50 厘米的坑内，头对着头；男的头上和肩胛上压着扁圆的砾石；女的脸向上，腿屈曲着，双手放在膝上。在意大利的一个洞穴里，一个尼人的头骨安放在一个被扩大了的孔穴中，头的周围排列着许多石块。所有这些放置形式，都像是人们有意识安排的，是早期墓葬的一种形式，还可能有着某种寓意。西欧莫斯特期的墓葬可能是已知的最早的墓葬。

一般来说，早期智人的进一步发展就是晚期智人，即解剖结构上的现代人。1996年，美国的赖特迈尔提出，在中更新世广泛分布于欧洲和非洲的化石人类为海德堡人群体，包括欧洲的佩特拉洛纳和托塔维尔，非洲的博多和布罗肯山标本等，汇合为海德堡种群，是现代人和尼人的共同的祖先。也有人把我国的金牛山和大荔标本归入此群。

西班牙的人类学家新发现的先驱人既有明显的现代人特征，又具有古老人化石的特征，因而认为先驱人一方面进化为智人，另一方面进化为海德堡种群人，再到尼人，是海德堡种群人和现代人的共同祖先。他们不同意赖特迈尔有关欧洲现代人是由海德堡种群人进化而来的观点，进而认为现代人是由比海德堡种群人更为古老的先驱人进化而来的。

尼安德特人与现代人在同一环境中生活，对于最终是被现代人消灭了还是融合了这一问题，争论由来已久，最终也没有取得一致。

尼安德特人和现代人同时生活在欧洲，却有着重大的文化差异。大约5万年前，现代人不再使用莫斯特工具，而采用一种新工具，包括奥瑞纳工具，并把它们带到了欧洲。欧洲的尼安德特人与莫斯特文化相联系，而现代人则与奥瑞纳文化相联系。

奥瑞纳工具应用范围更广泛，而且比莫斯特工具有更多的变化。很多类型的器具形状规范，其用途一看便知，表明它们具有较高的专用性。其中有边缘薄而尖细的石刀以及很锋利的切割器和刮削器；材料多种多样，除燧石外，也用象牙、角和骨。

◎ 晚期智人的生产生活

到晚期智人阶段，文化发展的速度大大加快，制造工具的技术更加多样化和专门化，人类的经济生活和艺术也有了很大的进步。

晚期智人的文化一般列入旧石器时代晚期。石器更进步了，制作方法不仅用直接制作法，更用间接制作法。这时期石器的主要特征，是用窄而长的石叶制作的工具占有了很大的比例。典型的石叶两边接近平行，是用间接制作法打制出来的。石叶可以用来做各式各样的工具和武器，如琢背石刀、雕刻器、端刮器、各种石雕和投掷的尖头。

在这个时期，骨器有了相当大的发展，还有牛角、鹿角和象牙做成的工具。制作的工具有矛和标枪、渔叉和渔钩以及有眼的针等。人们能够更有效地进行狩猎和捕鱼，能缝制衣服，开始有笛子和哨子等乐器，开始用煤作燃料。在捷克的一个遗址中还发现烧制物品的窑以及用火烧制过的泥制动物像和人像。

你知道吗

矛是什么?

矛，是一种用于打猎或战斗的长柄武器，木、竹制长柄而前端以窝座的方式接有锋利的石、金属制的矛头。一般来说，石器时代的人就会制作石制矛头的矛（但不一定是窝座插管式）。

原始人的生产生活

这时期有些地方的人群可能主要狩猎某一些动物，例如在法国西南部的遗址中，驯鹿的遗骸特别多；在西班牙北部的一些遗址中，主要是赤鹿；在捷克的一些遗址中，猛犸象是主要的狩猎对象；而在乌克兰南部的一些遗址中，野牛占多数。有些遗址中的猎物遗骸数量很大，可见这时的狩猎活动是相当成功的。

这时的狩猎工具有了重大的改进，广泛使用投掷武器和各种复合工具如矛、渔叉等。而且许多投掷武器是用投矛器来推进的，这是人类发明的第一个人工的推进装置。

海德堡人狩猎图

为了适应寒冷的气候，人们除居住在天然的洞穴或岩厦中外，还建造人工的住所，例如建造部分位于地下的住所或圆顶的小屋，使用的材料有兽皮、大动物的骨头、象牙和鹿角等。在住所中常有灶坑，用以取暖或兼作煮食。

这时期埋葬死者的习俗更隆重了，这可以从对死者的精心装饰中看得出来，例如他们给死者穿着衣服和佩戴装饰品。装饰品有象牙珠子、其他各式各样的珠子以及穿孔的兽牙、砾石、鱼脊椎骨和蜗牛壳等，还有垂饰、别针和手镯等。

　　这时期的艺术有了很大的发展，有多种多样的艺术表现形式，其中有绘画和雕刻。主要内容为刻画他们所狩猎的和赖以为生的动物，如驯鹿、野牛、马、鹿、熊、犀牛、象和野猪等。

　　艺术品大体上可分两类：一类是可移动的艺术品，包括一些小的器物，常常发现在生活遗址中，可见是与日常生活有关的。它们从旧石器时代晚期之初就开始出现，也是最常见、分布最广泛的一类。其中最引人注目的是女人像，广泛分布于欧洲的比利牛斯山到顿河流域的广大地区，向南扩大到意大利北部。女人像本身只有几英寸高，大多数是用象牙、煤块或各种石头雕成的，而在捷克发现有一件女人像是用黏土似的物质用火烧制成的。雕像的特点是有着特别丰满的乳房和臀部等突出的女性特征，而对四肢和面部却很少注意。它们最多被发现在住所的壁旁和灶边，似乎表明它们与人们的日常生活有着密切的关系。

　　另一类是不能移动的艺术品，即洞穴艺术，主要是在洞壁和洞顶进行刻画。仅在法国就发现了 70 多处、年代在距今 2.8 万至 1 万年前的洞穴艺术遗址。洞穴艺术代表了这一时期艺术的最高成就。有些绘画和雕刻所表现的对象常常是原大的。除了表现动物外，还有半人半兽的形象、几何形图案和其他符号。洞穴艺术品常常位于洞的深处，幽暗而神秘，难以接近。因而有人认为它们可能与魔法或某种崇拜有关。

原始人的社会形态

◀◀ **REN SHI ZENME LAIDE** ▶▶

　　社会形态都是随着社会生产的变化而变化的，原始人也不例外。社会形态在不断发展的过程中，始终受生产力发展水平的制约。直立时期的原始人，过的是最原始的社会。以后，就进入了氏族社会。氏族社会之初，由于生产力比较低下，妇女进行的活动比男子重要得多，自然形成了以妇女为中心的社会，因此称这个时期为母系社会。在母系社会，没有压迫与剥削，一切按照传统行事。

　　由于生产力的发展，妇女占有主导地位越来越不适合社会的发展了，于是进入了父系社会。从母系社会发展到父系社会，一个根本的转变便是公有制转为私有制，但这个转变不是一蹴而就的。随着生产力的发展与社会分工的扩大，氏族社会解体，步入了奴隶制社会。

母系社会

原始人在不断发展的过程中，社会形态也相应起了变化。最先出现的人类社会形态，是原始人群。那是几十个人聚居在一起共同劳动、共同分享劳动果实的极其简单的社会组织形式。直立人时期的原始人，过的就是这种最原始的社会生活。以后，就进入了原始的氏族社会。氏族社会有一个从母系氏族进到父系氏族的过程。

基本小知识

氏族的涵义

氏族一般是这样一种组织，其成员有一共同祖先或有一想象的共同祖先，其成员一般不会是另一个氏族的成员，成员之间有特别密切的关系、权力和义务，氏族有自己独特的称号，一般来说氏族内部成员之间不通婚。氏族一般作为部落的成员而存在。

母系氏族是氏族社会的早期。它的出现和新人的形成大体上是一致的。在中国，它大约开始于山顶洞人时期以后，一直延续至距今 6000—5000 年前。西安半坡、仰韶文化遗址，较清楚地向我们展示了这一社会形态的面貌。

在母系氏族社会里，存在着按性别和年龄区分的简单分工。出外狩猎、捕鱼以及防御猛兽等，主要是青壮年男子的工作。采集植物性食料、看守住所、烤炙肉类、加工皮毛、缝制衣服、养老扶幼等，主要是妇女的事情。老年人和儿童也从事辅助劳动，妇女是氏族的组织者和领导者。她们的活动是维系氏族集团的中心内容，因此具有头等的重要性。

血缘亲族关系是维系氏族的纽带，是氏族社会的基础。氏族内不得通婚是氏族的根本规则。从人类社会发展的一般进程推测，那时可能已经排除了直系父母兄弟姊妹间的婚配关系，而实行了一氏族的一群兄弟和另一氏族的一群姊妹之间的相互群婚。男子外婚到另一氏族，以后就属于那个氏族。虽然这可能还是不稳固的，但毕竟是氏族形成的重要因素。在这种群婚形态下，子女仍然只能确认生母而不能确认生父，氏族成员的世系也只能根据女系的血统来计算。同一始祖母生下的若干后代，便形成为一个大家族——氏族公社。氏族公社增大了之后便分离开来，另立新氏族。若干氏族组成胞族，或直接组成部落公社。同时，有些部落开始结成不巩固的联盟。

母系氏族社会中，每一个氏族成员都被牢固的血缘纽带联结在一起，一切活动都是和氏族不可分的。每个氏族成员都依赖氏族而生存。氏族又是由它的各个成员组成的统一整体。这样的一个血缘集团，共同占有一定的土地和其他自然产物。他们共同劳动、共同消费、互助协作、一起作息，过着平等的生活。

母系社会

从初期母系氏族公社起，每个氏族就采用一种动物、植物或非生物作为本氏族的名称，即氏族的徽号，这就是图腾。凡在一个氏族名下的全体成员，除少数外来被收养的人以外，都出自一个母系祖先，有着紧密的亲族关系。氏族名称的作用，就在于保存具有这一名称的全体氏族成员的共同世系，借此把各个氏族区别开来。

每个母系氏族都有自己的首领，负责管理氏族的日常事务和处理偶然发生的冲突事件。他们由氏族成员共同推选出来。成年妇女和男子都可以担任。被推选的是勤劳勇敢、能力卓越、为氏族成员所爱戴的人。这些首领和一般氏族成员完全处于平等地位，他们没有什么特权和私有财富，也同样从事生产劳动。氏族内一切重大的事件，如氏族首领的推选和更换、血族复仇的决定等，都通过氏族会议来解决。这种会议，一切成年男女都有权参加。

在母系氏族社会，没有压迫和奴役，没有法律、刑罚、监狱、军队和其他暴力统治，也没有凌驾于氏族成员之上的暴力统治者，一切按照传统习惯行事。这种传统习惯具有相当的约束力，是团结全体氏族成员以牢固地维护氏族的存在和发展所必需的。谁破坏了它，就是侵犯了整个氏族的集体利益，将会受到公众的谴责和应有的惩罚，最严重的就是驱逐出本氏族。但是，这种严重的事件是很少发生的，全体氏族成员是在和睦平等的环境中集体劳动和生活。

母系氏族社会的结构是简单的、狭隘的、分散的、闭塞的。构成母系氏族社会的最基本单位，是母系大家族，这些大家族包括一个始祖母所生的若干后代的最近的亲属。大家族里，除去纯属个人的用具外，所有财产，诸如土地、住房、家畜和其他生产资料，都是公有的，生产和消费都建立在这种基础上。这就是原始社会的公有制，或叫做原始共产制。

若干个近亲的大家族，组成一个氏族。由于每个氏族都要实行族外婚，又由于人口的不断增多，一个氏族到一定时候便会发生分解，即分出女儿氏族以至孙女氏族来。

若干个有近亲关系的氏族，组成一个部落。部落是当时最大的社会集团。各部落间的利害关系，有时不得不诉诸武力去解决，因为任何部落本身的习惯和传统在这里往往是无效的。

由于年代久远，关于那个遥远年代的一切大都已经淹没在历史的尘埃之中。关于母系社会的存在性，以及母系社会和母权制的关系，考古学界一直众说纷纭。然而越来越多的证据表明，

拓展阅读

温带海洋性气候的特征

1. 冬暖夏凉，最冷月平均气温在0℃以上，最热月平均气温在22℃以下，年较差小。

2. 全年湿润有雨，多冬雨。全年无干季，多阴天，晴天较少。

母系社会很可能并没有广泛存在过，或者是一个地区性的社会形态。事实上，国际考古学界也并未认可这种说法。

诚然，在我国的中原地区的确存在过一些母系部落，但在世界各地，以非洲、欧洲和美洲为例的大多数地区，这种母系性质部落分布却很少，而史前澳洲，曾经是父系部落和母系部落共存的时代。造成这种现象的原因是，

在原始的生产分工中，男子从事狩猎活动，妇女从事农业采集，我国很多地区以平原气候为主，从事农业和采集业收成比较稳定；而在世界其他一些地区，以高山、草原、丛林、海洋性气候为主的地区，不宜耕种，但各种飞禽走兽资源丰富，因此，男子从事的狩猎和捕鱼等行业占据主导地位，因此他们的大多数地区就没有经历过母系社会。

而在原始的宗教崇拜方面，世界各地也是大不相同，有些地区崇尚生殖崇拜，有些地区崇拜自然崇拜，有些地区则更倾向于祖先崇拜，不同的环境形成了不同的社会形态。而当时最流行的图腾崇拜，通常由将某种动物或植物等特定物体视作与本氏族有亲属或其他特殊关系的崇拜行为，是原始宗教的最初形式，大约出现在旧石器时代晚期。源自北美阿耳贡金人奥季布瓦族方言，意为"他的亲族"或"他的氏族"，相当于是整个部族的标记。许多氏族往往以它命名。在这些崇尚图腾崇拜氏族部落内，部落首领通常由武力争夺产生，其部落首领往往是由部落内最勇猛善战的成年男子担任。

父系社会

原始氏族社会经过母系氏族而进入父系氏族。这种转变，是由社会生产的发展所决定的。转变的时间，在世界上有先有后。在我国，大约于距今5000多年前出现了父系氏族。可以体现这一社会形态特征的，较重要的是分布于各地的龙山文化遗址（龙山文化是因首次发现于山东省章丘县龙山镇而得名，以后在河南、河北、山西、陕西等省也有发现）。

由母系氏族社会过渡到父系氏族社会，最根本的原因，是男女在生产中所处社会地位的变化。母系氏族时期，由于社会生产力水平还相当低，妇女所进行的活动对整个氏族起着重要的作用，自然形成了以妇女为中心的社会，这是合乎人类历史发展规律的现象。但是，当生产力的水平有所提高，农业、畜牧业和手工业有了显著的发展，男子在这些生产部门中逐渐居于主导地位，便促成了原始氏族社会关系的变化。母系氏族社会逐步转变为父系氏族社会。在这种转变的过程中，人们开始逐渐排挤掉妇女劳动力，或者迫使她们成为附属的劳动力。由此产生的男女分工，是男子从事生产，妇女从事家务劳动。

从这一时期的文化遗址来看，男耕女织的分工已经是相当普遍的现象。这无疑是社会的一个进步。但同时也意味着妇女被排斥在主要社会生产部门之外，而她们的家务劳动也丧失了原来具有的社会必要劳动的性质。后来，妇女的家务劳动变成了一种私人的事务，同男子谋取生活资料的劳动比较起来，已经失去了意义。从母系氏族转变为父系氏族，决定了男女不平等的社会地位。这也表明，只要妇女仍然被排斥于社会的生产劳动之外而只限于从事私人的家务劳动，妇女同男子的平等，无论什么时候和什么地方都是不可能的。

父系氏族社会

父系氏族社会的一个主要标志，是按男系确定血统和父系继承权的确立。在母系氏族社会的时候，世系是按女系来计算，任何财产的继承权，都归整个母系氏族。但是，随着财富的增加，男子的经济地位逐步提高之后，便产生了改变母系的继承制度的意图。到了父亲及其子女普遍地、迫切地要求改变旧的继承制度时，女系本位的世系必然要陷于崩溃的命运，代之以男系的世系。这一改变，是在完全不自觉的状态下进行的。因为它并不侵害任何别的氏族成员，只要把父亲的子女留在本氏族，母亲的子女转归其父亲的氏族就行了，而妇女为了有利于自己的子女，也是没有异议的。这样就逐渐废除了按女系计算世系的方法和母系的继承权，逐渐确立了按男系计算世系的方法和父系的继承权。从那时的埋葬制度上，也可以看到父权制代替母权制的迹象。

父权制的确立是和新的婚姻形态相辅而行的，它借助新的婚姻形态而发展和完善起来。随着母权制过渡到父权制，本来不大稳固的族外群婚制度也逐渐转变为一夫一妻制。在这种婚姻形态下，男女双方的关系也颠倒过来了。原来是女子留在本氏族，男子"出嫁"到另外的氏族，现在是男子留在本氏族，女子要出嫁到外氏族，并随男方居住。男子成了维系氏族的中心，妇女则处于从属的地位。

不过，原始的一夫一妻制小家庭还没有取得完全独立的地位，它是包括在父系大家庭中的。父系大家庭由同一个父亲所生的几代人和他们的个体家庭组成，都在一位家长的权力支配下生活，所以也可称为父权家庭公社。父权大家庭是父系氏族中基本的经济单位，并逐渐发展成为独立的、强固的经济力量，与氏族公有制产生日益尖锐的矛盾。

父系氏族社会时期，社会的制度基本上还是公有制，即人们共同从事生产，共同消费。但随着父系氏族社会的形成，私有制也萌芽了。

这个时期的社会组织，跟母系氏族社会时期一样，只能限于以部落为社会单位的狭小范围。生产的共同性只能在极小的范围内实现，消费是在氏族内部直接分配的。这种情形，当生产发展到一定程度时，就不能适应了。生产的发展，迫使社会劳动分工扩大，同时也有了剩余产品，以后就出现了产品的交换和财产的差别，这就给私有制的形成创造了条件。

基本小知识

畜牧业

畜牧业是繁殖、饲养陆地动物和鸟类的行业，一般分为饲养业和驯养业，不包括水生生物的饲养管理。人类进行畜牧的目的主要是从被畜牧的动物身上获取食物、皮毛等原材料，但也有为了保护某些濒临灭绝的动物种群而对其进行畜牧的例子。

社会分工是生产发展的必然结果，从人类早期的历史来看，大约在进入父系氏族社会以后，出现过两次大分工。第一次是畜牧业和农业的分工，即一部分人专门从事畜牧业，一部分人专门从事农业。由于这一明显的分工，出现了更多的人们所必需的产品。有了剩余的产品，交换也就出现了。后来，人们发明了纺织机，金属工具的制造和使用，牛拉犁的农业生产有了发展，于是又出现了第二次分工：手工业和农业分离了。

随着农业、畜牧业、家庭手工业的生产的发展，便出现了直接以交换为目的的生产，即商品生产。从事生产的人不仅要生产自己的生活必需品，而且要生产一定数量作为交换的产品。畜牧业需要手工业制造的工具和农业生产的粮食，农业需要用粮食交换牛马和金属工具，手工业需要粮食和肉类等生活必需品。这样的交换，对各个氏族部落都是有好处的，同时也进一步促进了经济的发展，它逐渐成为社会必需的手段。

但随着社会劳动分工与产品交换的发展，原来生产和占有的共同性就逐渐被破坏了。这突出表现在氏族内部的分化和家长制的出现。

分化大约是首先发生在从事畜牧业的氏族中，这些氏族或部落的酋长掌握了交换的权利，在交换的过程中，他们把交换来的东西占为己有，于是氏族公有的财产逐渐分化为家长制家庭私有的财产。家长成为私有财产的所有者。因为畜牧业并不需要大批人力的集体劳动，分组畜牧适合于畜群的繁殖，这种分散的劳动，就发展了家长制家庭占有畜群和其他财产的权利。

另外，在农业发展的过程中，自从用牛拉犁以后，原来使用大批人力集体掘地的方法已不适用了。于是，氏族部落的劳动分工由集中转到分散，氏族的公有土地开始是暂时地、后来便永久地分配给各家庭耕种，收获亦由共同分配变成各家自耕自收，家长制个体家庭变成了社会生产的基本单位。

知识小链接

奴隶的来源

奴隶一般来源于战俘、被占领地区原住民、负债者和罪犯，近古和近代的奴隶多从非洲等地方被拐卖到欧洲的殖民地。

在农业、畜牧业、家庭手工业各种生产发展的过程中，每个劳动者生产出来的东西，不但可以维持自己的生活，而且可以有剩余，劳动力的价值提高了，于是有了占有他人劳动的可能性。过去，部落与部落战争中的俘虏，通常是杀掉的，现在觉得可以利用他们来增加生产，就把他们留下来，强迫他们进行劳动。于是，战争中的俘虏就变成了奴隶，奴隶从此出现了。在第一次社会大分工以后，就开始产生零星的奴隶制；到了农业和手工业分离的第二次大分工以后，使用大批奴隶参加农业和手工业生产，已经成为发展私有财产的主要手段。因此，原来的酋长和家长就变成了奴隶的主人，奴隶成了一些人的私有财产。这样，社会关系就起了根本的变化，阶级出现了，社会的不平等现象也产生了。原来以血族和亲属关系聚族而居的区域，逐步变成奴隶主和奴隶杂居的地区。氏族社会里氏族或部落的成员共同生活在同一地区的情形，逐渐消失了。原始氏族社会便随之解体了。

总的来说，从原始人群到母系氏族，从母系氏族到父系氏族，原始社会是向前发展了。这是由社会的生产力的发展所决定的。社会生产力的发展和社会分工的扩大、物品交换的发展，导致了私有制的发展与原始氏族社会的瓦解。由此就在氏族社会解体的基础上产生了奴隶制社会。

部落和部落联盟

部落是由两个或两个以上具有相同或相近血缘关系的氏族或胞族联合组成的社会组织。胞族是指从一个大氏族中分裂出来的一些小氏族，因血缘相同，奉祀共同的祖先等，又自然地结合起来的姐妹氏族。在原始社会里，两个互通婚姻的氏族构成了早期部落。

每个部落都有自己的名称、活动地域，有共同的宗教信仰、风俗习惯，有相通的方言。管理部落行政事务的最高权力机关是部落议事会，由参加这个部落的氏族长和军事首领组成。有的部落还推举一名议事会的成员为部落的首领。由全体部落成员参加的部落成员大会，通常是在选举部落首领、决定战争或和平时才召开。

在原始社会后期，战争逐渐增多。为了对付共同的敌人，或者为了保障生存区域的安全，两个或两个以上的部落联合组成了一个更大的社会组织，叫作部落联盟。部落联盟的最高权力机构是联盟议事会，又称"贵族会议"，由参加这个联盟的各部落代表共同组成。此外，还设有军事首领、人民大会。

部落联盟的形成，扩大了各部落之间的经济和文化联系，扩展了地域关系，同时也加强了联盟首领的权力，出现了王权的萌芽。部落联盟是更进一步的社会组织——国家形成的基础。

原始人的社会形态

原始宗教

原始社会发展到一定阶段，产生了以反映人和自然矛盾为主要内容的初期状态的宗教。与阶级社会所形成的一神教对比，其特征为万物有灵——多神崇拜，故又名多神教。原始宗教在学术界一般被理解为近存原始社会的宗教，其研究即根据对近存原始民族之宗教崇拜的考察分析；而通过考古发掘所证实的、在成文历史出现之前，就已存在的远古原始宗教则被称为史前宗教。但二者实质相同，其基本特点都包括对食物、繁殖、祖先、死亡、自然万物、以及社会群体的神秘观念和祈求敬拜，并由此发展出对超自然体之神灵的信仰及崇拜。

基本小知识

宗教的元素

一个宗教之所以成为宗教，是因为它包括三个层面：其一为宗教的思想观念及感情体验（教义），二为宗教的崇拜行为及礼仪规范（教仪），三为宗教的教职制度及社会组织（教团）。

根据考古所发现的原始宗教可追溯到石器时代，其信仰之表现形态多为植物崇拜、动物崇拜、天体崇拜等自然崇拜，以及与原始氏族社会存在结构密切相关的生殖崇拜、图腾崇拜和祖先崇拜等。它们的发展一般都经历了参与具体崇拜活动和形成抽象神灵观念的演变过程。史前宗教的存在，通过发掘、研究石器时代以来各种原始文化遗址如原始村落、洞穴岩画、墓葬遗物、祭坛雕像等而依稀可辨，其范围为这些遗址上发现的各种宗教现象，包括中国、印度、阿拉伯、非洲、美洲和大洋洲及南太平洋诸岛屿的史前宗教，以及欧洲的芬兰—乌戈尔人宗教、斯堪的纳维亚宗教、波罗的宗教、斯拉夫宗教、爱琴宗教、伊特鲁里亚宗教、克尔特宗教等。

经过实地考察而得以证实的近存原始宗教，则包括非洲、亚洲等地土著部族的宗教、美洲因纽特人和印第安人的土著宗教、澳大利亚及太平洋地区土著居民的原有宗教等。对其原始社会之宗教状况的考察，始于近代西方各国掀起的海外殖民扩张运动，但在其殖民过程中许多近存原始民族亦被全部或大部消灭，今仅有少量土著部族得以残存。此外，中国一些少数民族中也保存着某些原始宗教现象。尚存的这些原始宗教群体及其崇拜活动，已经成为人们实际考察原始宗教的唯一对象，以及确证原始宗教真实形态的重要依据。

　　原始宗教属于历史范畴，有其产生、发展和消亡的过程。人类一开始并无任何宗教可言。到了旧石器时代中、晚期，氏族公社产生，人类社会形成为一个个比较稳定的血缘集团。这时，人的体质与思维能力有了进步，集团内部语言有了发展，某些禁忌和规范已经形成。人们以集体的力量和简陋的工具与自然界作斗争时，一方面逐步认识到人们的生产活动与某些自然现象的联系；另一方面又受着自然界的沉重压迫，对自然界的千姿百态、千变万化得不到正确的理解。于是，恐惧与希望交织在一起，对许多自然现象作出歪曲的颠倒的反映，把自然现象神化，原始宗教便从而产生。

　　据考古发现，欧洲尼安德特人遗骸周围常散布有红色碎石片及工具，遗骸位置亦常是头东脚西。人们认为这是受一定宗教观念支配所做的安排。把宗教看成是超越一切时间、一切空间、一切条件而独立存在，或者看成是天赋的人类固有的本性，是一切有神论者的共同信念和教义。

　　这种观念是与科学相对立的。恩格斯在《反杜林论》中说："一切宗教都不过是支配着人们日常生活的外部力量在人们头脑中的幻想的反映，在这种反映中，人间的力量采取了超人间的力量的形式。在历史的初期，首先是自然力量获得了这样的反映，而在进一步的发展中，在不同的民族那里又经历了极为不同和极为复杂的人格化。"对大自然的崇拜，被认为是原始宗教最早的一种崇拜形式，持续的时间最久。

　　在原始社会中，由于生产力低下，人们对于各种自然现象的存在和瞬息变化缺乏认识，感到十分困惑和软弱无力，认为日、月、雷、电、风、雨、霜、水、火及某一种动物或植物都具有灵性，因此把它们当作神灵崇拜，祈求消灾得福，称为自然崇拜。这是原始社会的居民普遍具有的宗教意识。美洲印第安人对太阳和月亮的崇拜，埃及人的狮身人面像雕刻，东南亚各族对稻米或树神等的信仰，萨阿米人举行的祭熊仪式等，都是远古自然崇拜的遗存。后来的多神教也是从自然崇拜发展而来的。

图腾崇拜也是在原始社会中流行的一种宗教信仰。"图腾"是印第安语"它的亲族"一词的音译。在那时，人们相信每个氏族都与某种动物、植物或无生物有着神秘的亲属关系或其他特殊关系，此物就成为这个氏族的图腾，成

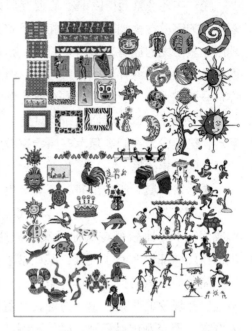

非洲的原始图腾

了这个氏族的保护者和象征。多数氏族以动物（如熊、狼、鹰、鹿等）为图腾，并往往以它命名。人们对本氏族的图腾禁杀禁食，还时常举行崇拜仪式。图腾崇拜曾普遍存在于世界各地，在近代的某些部落和民族中仍然流行。

基本小知识

祭　司

祭司，依信仰或神职层级而有不同的称呼，如神父或牧师、祭师、司铎等，是指在宗教活动或祭祀活动中，为了祭拜或崇敬所信仰的神，主持祭典，在祭坛上为辅祭或主祭的神职人员。

祖先崇拜是一种以祖先的"灵魂"为崇拜对象的宗教信仰，同样也流行于原始社会。当时，人们认为死去的祖先的"灵魂"仍然存在于人间，为了

使它不扰乱后代的生活，并祈求得到它的保护，人们就举行了各种形式的安灵祭，于是出现了祖先崇拜。随着父系氏族公社的建立和发展，祖先崇拜和血统观念相结合，逐渐成为一种维护家族力量的手段。祖先崇拜长期保留于奴隶社会和封建社会之中，以宗法制的形式出现。

在产生祖先崇拜的同时，还出现了专职的祭司。这些祭司被认为是神与人之间的中介，能"通神"、"去鬼"。开始大都为女性，甚至在进入父系氏族公社以后，女性担任祭司的仍为数不少。他们不由选举产生，也不世袭，多由患有不正常疾病幸而痊愈的人充当。人们认为这种人之所以能够幸存，一定是与神灵有交往而得到了帮助，他人通过他祈求神灵，也将会有灵验。这种祭司不是宗教职业者，没有一定的系统的信仰和宗教教义。他们为人驱病禳灾，多从事各种巫术活动，并认为是自己应尽的义务。在相当长的时期内，这种祭司具有明显的血缘性质，即每一个氏族内部都有一个祭司，其宗教活动也限于氏族范围内进行。当社会进入农村公社发展阶段后，这种血缘性质的祭司才逐步演变为地域性的祭司。这时，他们进行宗教活动，大都要索取一定的报酬。

随着祭司的出现，多神崇拜有了进一步的发展，神的人格化导致神的人形化，崇拜仪式也愈趋复杂。进入阶级社会后，一神教虽在宗教领域中取得了统治地位，但原始宗教仍在一些民族中残存很长时期。

原始的宗教信仰对于社会发展的意义十分的重大。

第一，历史上原始宗教曾是社会的上层建筑，其宗教活动、社会活动以及政治活动往往是相与为一的，借助原始社会宗教活动和宗教仪式活动，人们被密切地联系在一起。在这时候，原始宗教作为民族精神维系的力量，使人们共同结成一个强大的群体，共同抵抗自然的和社会的压迫。

知识小链接

宗教自由

通俗地说，宗教自由即指一个人有信教的自由，也有不信教的自由，有信这种教的自由，也有信那种教的自由。因此宗教自由包含了一个人不受任何不可动摇的宗教教条的束缚和影响，选择自己的人生目标的自由。

第二，历史上多个少数民族的形成，民族间的团结稳定和共同发展，各民族的共同繁荣以及对社会制度的稳定发展有着积极的作用。由于对同一自然物的或图腾的崇拜，增强了人们以血缘或地缘关系为纽带的共同体之间的认同感，密切了他们彼此之间的联系。

第三，原始宗教的巫术运用为人们治病的活动之中，是一种积极的原始积累，不仅包括原始医药知识的积累，还包括一些社会实践的和科学技术的积累。这些为民族医学等实用科学和技能的形成与发展奠定了一定的基础。

第四，对各民族的文字、文学、艺术等的形成和发展有着很积极的影响。

总体上来说，原始宗教反映了远古人类对自然、人等问题的模糊认识和当时艰苦的生活情况，也说明了人类具有丰富的想象力。它是人类文化的最初精髓之一，也是后来宗教发展的基础。

人是怎么来的

华夏子孙溯源

REN SHI ZENME LAIDE

　　关于人类的起源，众说纷纭，至今仍是个谜，对于华夏子孙的起源，同样也是各执一词。有人说，北京人是华夏民族的祖先，但中间的断层无人能解释清楚。而根据对半坡与河姆渡遗址的研究证明，华夏民族起源于黄河流域与长江流域，我们的祖先是伟大的半坡人、河姆渡人。炎黄二帝为我们所熟悉，盛传是中华民族的始祖，并统一了中国各个部落，教给人们播种，创造了文字，制作了乐器等等。但近年来，又出现了新的观点，一种称为"多地区连续进化"论，另一种称为"非洲夏娃说"，似乎证据确凿，但又疑点重重。无论怎样，华夏民族的起源乃至整个人类的起源，仍旧是个沉重而永恒的课题。

难解北京土著

在中国乃至世界古人类历史上，北京人头盖骨化石的发现，无疑是分量极重的一笔。

北京人头骨上的一些特征使人们想起了爪哇猿人，两者之间有很多相似的地方。在此之前，爪哇猿人一直不为公众认可，北京猿人的发现最终结束了这场争论。爪哇猿人是最早发现的晚期猿人，经测定，大约生活在距今 80 万年以前。他们的头颅形态比较原始，很像猿，眉脊突出，前额低平，脑容量为 750～900 毫升。他们的大腿骨和人的大腿骨非常相像，已经能够直立行走，所以爪哇猿人被命名为"直立猿人"。爪哇猿人是真实存在的人，人类历史被毋庸置疑地向前推进到 50 万年前。在中国出土的北京

周口店北京人遗址发掘

猿人化石，成为最重要的一个证据，支持了当时人类起源于亚洲的观点。

就在发现北京猿人头盖骨几个月后，毕业于北京大学地质学系的裴文中带领队员勘查遗址的南部边界时无意中发现，还有一个洞口被浮土掩盖着。就在这里，山顶洞人被发现了。令人难以相信的是，两个震惊世界的发现相距竟如此之近。

山顶洞人的骨骼特征已经和现代中国人没有什么差别，地层年代显示他们生活在距今 3 万年左右。也就是说，中国人现在的模样，至少在 3 万年前就已经定型了。这样一来，关于中国人的来龙去脉似乎变得更加清晰了。

有"人类起源于亚洲"的理论支持，又有古人类化石作证，"中国人本地

起源说"应运而生。20 世纪 40 年代，德国学者魏敦瑞提出，以中国人为代表的现代黄种人，是从北京猿人经山顶洞人进化而来。在当时，这是证据最丰富、最过硬的一种理论。学者们深信：只要对这些已经发现的人类化石做进一步的研究，就能够得到更加有利的证据。

然而最终的结果却令人吃惊：北京人头盖骨化石同现代中国人并没有前后继承的关系。

山顶洞人的脑容量和骨骼特征跟今天的中国人没有太大差别，而他们与北京猿人之间的差别，就像我们与北京猿人之间的差别一样大。山顶洞人无法连接起我们与远古祖先之间的断层。在山顶洞人与北京猿人之间，仍然缺少一个重要的"过渡人"。

基本小知识

地 层

　　地层在地质学上指有一定层位的一层或一组岩石或土壤，上下层位之间被明显的层面或沉积间断面分开。地层分布范围可广达几十万平方千米，在悬崖峭壁、河岸或修建公路时开挖的地段，地层可能会暴露出来，显示不同颜色或不同构造的层理，各层的厚度也不同，有的只有几毫米厚，有的可厚达几千米。各层的岩性、所含有的化石、矿物，以及其物理、化学成分都可能有明显的差异。

与能人比较起来，北京猿人更多地呈现出原始的特征，和现代人差异很大。但在周口店发现的近 50 万年前的石器竟然和能人的石器没有根本差别，而欧洲发现的石器却是一级一级向前发展的。这让所有的学者都很困惑。这究竟是为什么？

难解之谜并不止这些。早在 1939 年，德国古人类学家魏敦瑞就对北京猿人头盖骨进行了研究，并作出了北京人属于原始食人族的惊人论断。

在研究北京猿人头盖骨时发现：北京猿人头盖骨保存得并不完好，同样是人体的一部分，头盖骨却多于躯干骨和四肢骨。而在周口店出土的其他动物化石，躯干骨和四肢骨都是多于头骨。在研究分析过程中，专家们发现第一颗北京猿人头骨顶骨表面留有多处凿痕，其他三颗北京猿人头盖骨中也有

华夏子孙溯源

切痕，第二颗被发现的头盖骨顶骨中部有一块陷下去的、直径约 1.5 厘米、浅而不平的圆凹痕。这些痕迹似乎是遭到尖锐物打击所致。

从结构上说，人的颅骨主要由前面的面颅和后上方的脑颅组成，而北京猿人却只剩下了头盖骨，绝对不正常。魏敦瑞推测，北京猿人将同类脆弱的面部砸碎，取食脑髓，最后只留下了坚硬的头盖骨。尼安德特人的化石研究中就发现了同样的证据。魏敦瑞认为尼安德特人被吃掉后留下的头骨和北京猿人头盖骨非常相似：他们的头骨都受到打击，头骨和肢骨数量的比例都极为不相称。他在《中国猿人头盖骨》一书中写道："猿人猎食自己的亲族，就像猎食其他动物一样。因为古猿人意识到后脑较其他部位更易致人于死地，于是就用锋利的石器敲打头部，然后吸干脑髓，再慢慢割下其他部位的肉吃。"

魏敦瑞还发现：出土的北京猿人头骨和肢骨发展极不平衡，头骨明显与猿头更加接近。他们的脑壳很厚，大约是现代人的一倍；脑子不算大，只有现代人的一半。但是，他们的肢骨却和现代人的极为接近，已经基本具备了现代人的结构，完全可以像现代人一样行走甚至奔跑。他疑惑地推论：在进化中，人大脑的发展应该走在肢体的前面，可是北京猿人的情况却恰恰相反。50 万年前的周口店可能曾经同时生存着两类猿人：一类人头脑发达，另一类四肢发达却头脑简单；而这种大脑的差距可能导致了在饥饿状态时人吃人惨剧的发生，头脑简单的沦为了头脑发达的猿人的猎物。除此之外，还有可能是由于当时恶劣气候所造成的残酷生存竞争。当时，尽管已具备采集食物、使用火的文明手段，但是由于寒冬的到来，北京猿人仍然会面临食物匮乏的问题。在此情况下，发生一部分猿人吃掉另一部分猿人的现象是十分正常的。

不管有着多少谜团，北京人生活在 50 万年前的中国大地上，这是不容置疑的事实。许多人都认为，尽管中间存在断层，但北京人肯定是华夏民族的祖先。这个结论被写进教科书，被写进文献资料，一时间成为定论。

我们的祖先

在距今六七千年以前，人类已经由晚期智人迈入现代人时期。那时，我们中国人的祖先仍然过着比较原始的生活，但生产力水平与生活质量已经有了非常明显的提高，容貌也与今天的人类没有多大差别。他们实行着群婚制。一个氏族的男子成年后就要到另一个氏族中与其中的女性结婚，并在那里生活，死后再运回原氏族安葬。在这样的大家庭里，孩子们只认识自己的母亲，不知道自己的亲生父亲，人们的亲属关系就按母亲的血统来确定。所以，这一历史时期就叫作母系氏族公社时期。在母系氏族公社里，人与人之间没有贵贱之分，也没有阶级的区别。

基本小知识

彩 陶

彩陶是陶器的一种，一般指古代带有彩绘花纹的陶器。在中国新石器时代的仰韶文化、马家窑文化、屈家岭文化、大汶口文化和青铜时代的辛店文化等文化中都有发现。在陶胚的表面用黑、红色颜料画上有几何图形、花卉、动物纹样等花纹，烧成后，花纹附着器表，不易脱落。

分别生活在中国北方与南方的原始人，已经进化出了不尽相同的生活方式，创造出了属于自己的文明。

生活在中国北方的原始人，一般集中在黄河流域。他们在进化的过程中更加依赖于经过精心磨制的石器，骨器则用得比较少。他们已经学会了种植作物，在世界上第一个开始种粟；他们也学会了驯养家畜，开始饲养猪、狗。在不断演化的过程中，黄河流域的原始人们掌握了烧制彩陶的工艺，还会在彩陶上绘制生动优美的几何形图案或动物形花纹，这证明他们已经拥有了原

华夏子孙溯源

始的艺术气质和审美眼光。

半坡氏族遗址

半坡氏族就是这一时期黄河流域原始人进化中的一支部落。

半坡遗址位于今天的陕西西安半坡村，是一个典型的母系氏族公社。在这个氏族的村子里，一条深、宽各有五六米的大壕沟围绕着氏族成员的居住区，里面分布着 40 多间中小型住房，中间有一座长方形大屋，是氏族成员的公共活动场所。房屋旁边还有许多储藏东西的地窖 200 多个。在壕沟外，东边是制造陶器的窑场，有烧陶窑址 6 座，摆满了各种陶土制作的器皿，陶器上还绘有黑色或红色的花纹图案，有人面、鱼、鹿、鸟和几何图形。有的陶器制作得十分精致美观。北边是氏族成员的公共墓地，有成人墓葬 174 座，儿童瓮棺葬 73 座。墓葬的隆重表明他们已经拥有了丰富的内心世界和情感生活。

基本小知识

瓮棺葬

瓮棺葬，古代以瓮、罐一类陶器作葬具的墓葬形式。多见于史前时代。常用来埋葬幼儿和少年；但日本在绳纹时代和弥生时代有成人瓮棺葬。中国的新石器时代遗址里常有儿童瓮棺葬，个别成人也有用瓮棺，一般用两或三件较大的陶器扣合在一起，多数埋在居住区内房屋附近或室内居住面下，也有专门的儿童瓮棺葬墓地。

半坡人的生产工具是打磨光滑的石器。女性们用锐利的石刀、石铲在火烧过的荒地上松土整地、种植五谷，经营着刀耕火种的原始农业。男性则使用弓箭、鱼叉等从事渔猎活动。半坡人还学会了把猪、狗、牛、羊等野生动物驯养成家畜。原始农业和原始畜牧业的发展，给人类提供了可靠的食物来源，丰富了人类的生活。他们已经学会纺织和缝制，能裁剪出合体的衣服。他们还拥有高明的制陶技巧，尖底瓶就是这样的陶器之一。尖底瓶是巧妙运用重心原理的一种汲水器。由于水的浮力，瓶子一接触水面就自动倾斜，灌满水后又因为重心移动而自然竖起。这种汲水工具便于手提与肩背，灌满水后也不容易漫出。他们通过长期的实践，还发现水蒸气可以蒸熟食物，于是制作了陶甑，这是人类历史上最早利用蒸气的范例。

半坡人有丰富的文化生活。他们烧制彩陶，在上面绘制了精美的花纹。人面鱼纹是半坡彩陶画的典型作品，线条明快，人头像的头顶有三角形的发髻，两嘴角边各衔一条小鱼。这反映了半坡人和鱼之间的密切关系和特殊感情。

与黄河流域的同胞不同，生活在长江流域的原始人生活在另一种文化氛围中。南方地区多雨、潮湿。为了适应环境，长江流域的原始人通常会将房屋架离地面，以避免被水浸泡。他们主要种植水稻，是世界上最早开始人工培育水稻的一群人。适宜的南方气候使生活在那里的原始人有更充足的食物，因此生活更为闲适。闲暇时间被用来制造骨器，缝制衣服，纺织布匹，也被用来进行艺术创作。总之，他们有更多用来装点生活的发明。

河姆渡氏族是长江流域原始氏族的代表。

河姆渡遗址与半坡遗址处于同一时代，位于长江流域的浙江省余姚市，同样也处于母系氏族公社时期。六七千年前，生活在那里的氏族成员把一根根木头打进地下，然后在桩柱上架设房屋。这种把居住面架高的房屋称为"干栏"式建筑。他们和半坡人一样，也喂养猪、狗、牛等家畜，但与半坡人烧制彩陶不同，河姆渡人烧制的陶器为黑陶，而生产工具除了石器外，还较多地使用骨制工具。

河姆渡人生活复原图

基本
小知识

河姆渡文化

河姆渡文化是分布于中国浙江杭州湾南岸平原地区至舟山群岛的新石器时代文化，其年代大约在距今 7000～6000 年之前，因以浙江余姚河姆渡村遗址发掘最早，故称作河姆渡文化。

河姆渡文化的骨器制作水平比较先进，有耜、渔镖、镞、哨、匕、锥、锯形器等，都是精心磨制而成，一些有柄骨匕、骨笄上雕刻花纹或双头连体鸟纹图案，就像是精美绝伦的实用工艺品。河姆渡文化在农业上以种植水稻为主。

农业是人类文明的重要标志之一。河姆渡人不像黄河流域的半坡人那样种植粟、黍等谷物，而是大量栽培水稻。在河姆渡遗址两期发掘中，第四文化层上部大多发现灰、黄、白三色黏性细砂土，分别与稻谷、谷壳、稻叶和木屑等相间组成多层次连续堆积，每层间距 2～10 厘米不等，总厚度一般 20～50 厘米，最厚处超过 100 厘米。稻谷出土时色泽金黄，有的连谷壳上的稃毛、隆脉及芒刺都清晰可见，经鉴定属人工栽培水稻，并已有籼、粳之分，以籼型为主。河姆渡遗址稻谷遗存之丰富，保存之完好，年代之久远，在其他遗址发掘中是绝无仅有的。

刀耕火种的原始农业

与大量稻谷伴随出土的，还有翻土工具骨耜 194 件、木耜 2 件及中耕农具木铲 3 件、收割工具骨镰 9 件和脱壳工具木杵 2 件等。在遗址西北部的考古勘探中，发现第一和第二期文化分别有古水稻田遗迹。这说明河姆渡的稻作农业有一个完整的体系，已进入"耜耕农业"阶段。尽管后来在江西万年仙人洞和湖南道县玉蟾岩等遗址发现距今1万年左右的人工栽培稻谷，但都不及河姆渡遗址丰富多样。几十年来，"河姆渡"几乎成了中国稻作农业的代名词。

虽然稻作农业在河姆渡已有重大发展，出土的陶釜底部经常能看到烧糊的锅巴，但稻米仍不是当时河姆渡人的主食。当时气候温暖湿润，动植物资源丰富，我们的先民不会无视更方便、更直接、攫取技术更为娴熟的取之不尽的野生资源，也未进化到农耕技术比较发达的程度。来自于自然生长的食物对河姆渡文化仍起支撑作用，农业在它发生的初始阶段仍未取代采集、渔猎经济。

进入耜耕农业阶段后，食物来源比以前更加稳定，加上较长时间的定居，使原始手工业得到进一步发展，从而出现了各种质料的原始艺术珍品，堪称史前工艺品中的佼佼者。这些艺术珍品表明，河姆渡人已掌握了较熟练的各种手工技术，已有专门从事手工业的生产者。

在众多的生活用具、生产工具，甚至是建筑构件上，都发现了许许多多能反映河姆渡先民具有较高水平的原始艺术杰作。引人注目的有：人首、猪、鱼和兽形等陶塑艺术品；猪纹、稻穗猪纹、缠枝叶纹、五叶纹、鱼藻纹等栩栩如生的雕刻图像；圆雕木鱼、鱼形捉手木器柄制作十分精致；特别是一批精美绝伦的骨、牙艺术品，其精巧程度按现代雕刻眼光看也属上乘之作，使人叹为观止。其中，锥刺双头连体鸟纹、线刻双鸟朝阳纹和鸟形圆雕等，堪称珍品中的精华。

更令人惊讶的是，河姆渡人已经懂得制作漆器的技术。在遗址中发现的木胎漆碗，瓜棱形表面有一层鲜艳夺目的朱红色表层，光谱图与马王堆漆器所显示的光谱图相似，这使我国髹漆历史从商代推到6000多年前的新石器时代。

在遗址中还出土了织机中的卷布棍、绞纱棒、疏经棒、纬刀、梭形器等构件，这在同时期前后的新石器时代遗址发掘中独一无二。河姆渡人的纺织技术在当时也一定是天下第一的。他们还会用植物纤维手工搓成双股、三股粗细绳索和用芦苇秆编成的人字纹、多经多纬的苇席等，与今人编织的也不相上下。可见当时河姆渡人的编织技术也已达到较高水平。

半坡与河姆渡遗址，是我们祖先所留下的代表南北方迥异文化特点的遗迹。祖先的智慧不能不令我们叹服、自豪。今天的中国人，都是半坡人、河姆渡人这样伟大祖先的后裔。

炎黄二帝

　　炎帝，是中华民族的始祖之一，继女娲后为天下共主。传说上古时期姜姓部落的首领，又称赤帝、烈山氏，一说即神农氏（或神农氏的子孙）。相传其母名任姒，一日游华山，看见一条神龙，身体马上有反应，回来就生下炎帝。

　　炎帝生于烈山石室，长于姜水，有圣德，以火德王，故号炎帝。炎帝少而聪颖，三天能说

拓展阅读

蚩尤与汉族的关系

　　蚩尤败后，部分族人融于炎、黄集团，从而成为部分华夏族，以至当今汉族的先民。一些汉族姓氏可能和蚩尤有关，如邹、屠、黎、蚩等。

话，五天能走路，三年知稼穑之事。他一生为百姓办了许多好事：教百姓耕作，百姓得以丰食足衣；为了让百姓不受病疾之苦，他尝遍了各种药材，以致自己一日中七十次毒。他又做乐器，让百姓懂得礼仪，为后世所称道。其族人最初的活动地域在今陕西的南部，后来沿黄河向东发展，与黄帝发生冲突。（另一种说法炎帝活动在山东济宁地区，是东夷人的部落联盟的首领，后来黄帝西进。）在阪泉之战中，炎帝被黄帝战败，炎帝部落与黄帝部落合并，组成华夏族。

　　炎黄联盟不断扩展，归顺之部落越来越多，但蚩尤始终不服，大战一场在所难免。蚩尤带领着九黎，与联盟大战于涿鹿（今河北省涿鹿村），称为涿鹿之战，所谓逐鹿中原，源出于此。最后蚩尤被打败。从此姜氏族便与黄帝在中原安定下来了。"炎黄子孙"一词，则为人们对中华文明的始祖炎帝和黄帝的追溯和尊奉。

华
夏
子
孙
溯
源

司马迁《史记·五帝本纪》中有关炎帝之记载："轩辕之时，神农氏世衰。诸侯相侵伐，暴虐百姓，而神农氏弗能征。于是轩辕乃习用干戈，以征不享，诸侯咸来宾从……。轩辕乃修德振兵，治五气，蓺五种，抚万民，度四方，教熊罴貔貅貙虎，以与炎帝战于阪泉之野，三战，然后得其志。蚩尤作乱，不用帝命。于是黄帝乃征师诸侯，与蚩尤战于涿鹿之野，遂禽杀蚩尤。而诸侯咸尊轩辕为天子，代神农氏，是为黄帝。"

炎帝尝百草

历史传说中，炎帝是一位伟大的人物，是他开发了华夏的原始农业，是农耕文化的创始人。传说他创造木制耒耜，教民耕种，提高农作物的产量。传说他遍尝百草，为人医病，是华夏中草药的第一位发现者和利用者。不仅如此，还传说他利用火为人类造福，制造乐器，倡导物质交换……总之，炎帝在历史传说中是与农、工、商、医、文等各领域的发明创造分不开的一位神祇，因而一直受到历朝历代的炎黄子孙的无比敬仰和祭祀。

拓展阅读

神农洞和神农碑

距离湖北随州市区55公里处的烈山上，洞中原有石桌、石凳、石碗及石榻等，传说是神农氏所用的器物。烈山还有神农井、神农宅、神农观、炎帝庙等古建筑。厉山镇北有"炎帝神农氏"碑一座，保存至今。

炎帝部落初期从事采集、渔猎，因发明农业，开始了半定居的农业迁徙生活。迁徙路线是沿渭水东下，到达河南、湖北一带。

炎帝种谷给人类带来了光明和希望，为了纪念他的功绩，人们把炎帝敬

为神农。明崇祯十二年，把炎帝寻禾种禾的地方取名为"嘉禾"，即今湖南省
郴州市嘉禾县。

华夏始祖——黄帝

黄帝，亦为中华民族的始祖，五帝的第一个。根据记载，号轩辕氏、有熊氏、姬姓，一说姓公孙，是有熊国君少典之子。黄帝的母亲叫附宝，姬姓部落首领。黄帝也被道教尊为道家之祖，在道教中有特殊的地位。关于黄帝的历史资料十分稀少，比较可信的仅为历史上有其人其事，少典之子，姓公孙，名轩辕，居于轩辕之丘。

传说一：黄帝出生于中国西北黄土高原的沮源关降龙峡。在传说中黄帝的母亲是黄土高原上的一名少女，一天傍晚（也有说是夜晚）突然看见北极光，然后就怀孕，生下了黄帝。

传说二：公元前 4000 多年前，在今河南新郑的轩辕丘有个龙图腾的国家，君主名曰少典氏。他是伏羲帝和女娲帝直系的第七十七帝，他的夫人有二，一是任姒（女登），二是附宝，她们是姐妹，是有蟜氏之女。黄帝为附宝所生。

传说三：黄帝生于山东省曲阜市，这一认定是目前古代历史学家和地理学家的通论。据古史记载"黄帝生于寿丘"。寿丘在鲁东门之北，而寿丘位于曲阜城东四千米的旧县村东，宋真宗尊黄帝为赵姓始祖，曾把曲阜县改为仙源县，并于曲阜寿丘起建景灵宫、太极观进行祭祀。景灵宫共 1320 间，是当时礼制最高的庙宇，占地 1800 亩，是今天曲阜孔庙的三倍还多，元代忽必烈入主中原后，推崇黄帝，下令重修景灵宫，准许汉人祭祀黄帝，后景灵宫毁于元末战乱。其北即是著名的被称为中国金字塔的少昊陵。

黄帝在炎帝之后，统一了中国各部落。有建都曲阜、新郑、涿鹿三种说法。他推算历法，教导百姓播种五谷，兴文字、作干支、制乐器、创医学。

华夏民族大融合

长期以来，我们都以自己是炎黄子孙、龙的传人而自豪，我们深信自己的祖先就是在这片中华大地上起源，我们深信我们华夏子孙生来就住在这块土地上。

但是近些年来，两种新的观点出现了。

一种观点认为，300万年前，非洲的古猿演变成了直立人，他们在100多万年前走出非洲，来到亚洲，其中一支抵达今天的中国，进一步进化成了北京猿人。若干年后，北京猿人进化成了今天的中国人。这种观点被称为"多地区连续进化"论。

这种观点基本上是建立在对古人类化石的粗糙分析和简单地域关系推理基础上的。例如：北京猿人的面部扁平、鼻梁不高、眼眶呈长方形、铲形门齿等等，这些特征在中国的化石上出现频率特别高，它们共存于一个头骨的情况更是在其他地区少见的。因此，这是中国地区人类化石具有的共同特征，从而推论出中国人是源自于"北京人"的一个单独演化的人类系列。

基本小知识

冰 川

冰川或称冰河是指大量冰块堆积形成如同河川般的地理景观。在终年冰封的高山或两极地区，多年的积雪经重力或冰河之间的压力，沿斜坡向下滑形成冰川。两极地区的冰川又名大陆冰川，覆盖范围较广，是冰河时期遗留下来的。冰川是地球上最大的淡水资源，也是地球上继海洋以后最大的天然水库。

另一种观点则认为，直立人虽然曾经到达中国，进化成北京人，并进一步进化成早期智人，但是并未继续进化下去。在晚期智人走出非洲来到中国后，原来生活在这里的早期智人瞬间灭绝了。晚期智人继续在这里繁衍生息，

华夏子孙溯源

进化成了今天的中国人。这种观点被称为"非洲夏娃说"。这种观点不仅有化石证据，而且还有基因证据的鼎力支持。

后一种观点似乎证据确凿，至少目前在没有新的有力的证据的情况下，只能这么认定。

那么，我们中国人的祖先又是如何从非洲大草原来到这里的呢？

15万年前，在非洲大草原上生活的直立人中，有一部分迁徙到东非大裂谷生活，分化出了很多人种与部落。到了10万年前，冰川期出现，大部分陆地被冰川覆盖。全世界其他地方第一批走出非洲的古人类大部分都濒临灭绝。而东非大裂谷内，各个部落拥挤在一起，抢夺着有限的食物与空间。在生存的压力下，先是棕色人种与黄种人的祖先先后走出东非，向世界扩散。

最早出来的棕色人种祖先主要以在海边捕鱼为生，并捡食滩涂上的高蛋白食物。他们拿着旧石器和尖木叉，通过北非来到中东，沿着印度洋岸边向东走。到了5万年前，他们已占领了南亚和东南亚的陆地和岛屿。在此后的几万年里，散漫的捕捞、捡食生活让他们沿着无边的海岸线一路走到东亚，又穿过白令海峡到达北美和南美洲。

在棕色人种之后出走的黄种人祖先，走出非洲的时间要比棕色人种的祖先晚了近5万年，此时已进化成为晚期智人。他们开始时也与棕色人种的祖先一样，顺着东非的海岸线一路北上，抵达中东一带，并在那生活了相当长的时间。中东富饶的物产，让黄种人祖先的人口再次扩张。他们中的一些人从西亚进入印度河流域，经过南亚次大陆的北端，进入东南亚。初来乍到的黄种人还没有能力与先到达那里的棕色人种祖先抗争，他们只能沿喜马拉雅山南麓匆匆通过。

黄种人祖先的扩散速度很快，只用了棕色人五分之一的时间就到达了东南亚。他们在缅甸一带盘桓了很久，逐渐取得一定势力，随后分化成了沿海支和内陆支。前者最初在越南、广东一带形成了澳泰语系祖先。后来，部分人南下马来和印度尼西亚，小部分人则沿着东海大陆架北上，穿过白令海峡去了美洲，其中一部分在东北西辽河流域停留下来，与后来北上的黄种人混合形成了黄种人的北亚支，成为阿尔泰语系的先祖。

这个时候，正是末次冰川时期，中国陆地上的许多山脉被积雪常年覆盖，除了有少数棕色人种的祖先在黄河、长江流域活动，更多的地方毫无人烟。长江流域和珠江流域之间的南岭也是白雪皑皑，限制了黄种人祖先大量地向北迁徙。受阻于南岭的沿海支在那里定居下来，后来逐渐演化为百越民族。受阻于缅甸、云南一带的内陆支后来演化为百濮民族。

大约两万年前，中国陆地上的冰川不断地消融，内陆支与沿海支的一部分分别从云南、珠江流域进入中国腹地。在千百年的分化中，他们在中国南部和东南亚北部演变出了黎族、侗族、水族、仫佬族、仡佬族、高山族、壮族、傣族。这些民族在语言上、文化上有很强的一致性，所以被统称为越人。

沿海支很快进入浙江、江苏、山东，形成了先越文化和先夷文化，以及东北的红山文化。

内陆支则沿着云贵高原西侧向北跋涉，走的是云南、贵州、四川这条路线。中途，分出了两支。一支沿着长江往下走，到了三峡地区和洞庭湖平原，发展出了先蛮文化，形成以后的苗族、瑶族；另一支沿着四川的几条大河北上，来到了黄河上游地区，发展出了半坡—仰韶的先羌文化，形成了以后的羌华民族，是今天汉族与藏族人的共同祖先。

到大约 6000 年前，由于粟谷农业的出现，新石器文化开始在这个地区发展。人口的增长迫使群体又一次开始迁徙，汉藏语系的两个族属成形。其中一支向东行走，一直到渭河流域才停留下来。他们掌握了农业文明，开始以农耕为生，就是我们今天汉人的先祖；另一支被称为藏缅语族群体，他们离开黄河流域，向西向南迁移，最后在喜马拉雅山脉南北居住下来，在迁徙的过程中，这个群体分化出了藏、羌、彝、景颇、土家各民族。

定居于渭河流域的这一支，其中一部后来又从潼关一带东行和南下，受到夷人龙山文化和苗瑶文化的影响，分别形成了齐语支和楚语支人群。后来的春秋战国时期，齐楚文化与中原文化之间始终存在一定的差异，就是这个分化的结果。

此前，语言学界认为吴、越同属一个民族，因为他们之间的语言能相互沟通。但经过 DNA 比对，他们完全是两个不同的民族。吴人是东进的苗瑶人和南下的汉人同化后形成吴人进入了越人的领域，双方由此产生种种纠纷。

在两万多年前中国大陆的冰川消融之时，沿海支中还有一支部落沿着中国的海岸线北上，沿途几乎没有任何停滞的痕迹，一直抵达今天东北的西辽河流域才停留下来。他们就是阿尔泰语系的核心。在与后来才抵达这里的沿海支、内陆支进行了一次大融合后，这些阿尔泰语系的先民往西分化成蒙古、突厥，往东进入朝鲜、日本，还有一部分向北穿过白令海峡踏上美洲——这是第二次人类从亚洲向美洲的迁徙浪潮。

就这样，留在中国境内的沿海支与内陆支的各个分支又经过了长时间的交流、融合，最终形成了今天由 56 个民族构成的华夏民族大家庭。

人类起源之谜

　　人类社会的发展史，也是一部认识地球、宇宙、文化和自身的历史。我们无法回避祖先的终极询问：我们从何处来？我们是谁？我们向何处去？这是当代科学界普遍关心，而又不易解答的问题。

　　自从达尔文的学说问世并逐渐战胜腐朽的宗教观念以来，进化论思想已为人们所普遍接受，但有很多方面还存在着难以解答的问题，如单细胞的由来、动植物的起源、人类的起源以及生命带等。随即而来也有人类起源的各种说法，譬如"海猿说"、"海陆双祖先复合说"，甚而也有科学家认为人类的始祖是外星人。总之，人类起源之谜还在争论，还需要证据，随着科学的发展深入，这一谜团早晚要解开。

人类到底起源于何时

人类到底起源于何时，是一个大家普遍关注的问题。由于世界许多地方发现了新的人类化石和文化遗迹，不时地掀起对人类起源问题讨论的浪潮。尤其是 1959 年在东非坦桑尼亚奥杜韦峡谷发现了一批新的被认为是人属的化石——东非人类化石之后。古人类工作者之间的讨论便更加热烈。

基本小知识

人 属

人属是灵长目人科中的一个属。今天生活在世界上的现代人是其唯一幸存的一个种。然而，有动物学家认为黑猩猩亦应归入人属。

早些时候，人们均认为猿人是最早的人。世界上许多地区发现过猿人的化石，比较著名的有北京人、蓝田人、海德堡人、毛里塔人。这些化石被公认为属于人的化石，因为有的同时发现了旧石器，如北京人、蓝田人；有的虽未发现工具，但从他们的脑量和脑分化程度以及体态结构的高度发展，可以断定他们会制造工具，因而完全有理由将他们列为人。由于当时人们所掘到的古人类化石十分有限，因此很自然地认为他们是地球上"最早"的人，年代为 60 万年或更早。

但当时对这个数字还是有争议的。1924 年，在南非阿扎尼亚金伯利市以北 80 千米的汤恩火车站附近的一个山洞里，发现了一个似人似猿的幼童头骨化石。以后，在南非的其他地方，陆续发现了许多南方古猿的材料，其中有头骨、牙齿、下颌骨、髋骨以及四肢骨化石。通过对这些化石的研究分析，科学家们认为这些南方古猿已能直立行走，前后肢已分工，前肢已从支撑相移行的机能中解放出来；他们能利用天然工具来御敌，其中有一类叫纤细型（另一类叫粗壮型）的南方古猿，个体小、头骨比较光滑、骨脊不很显著、门齿犬齿大、臼齿较小。人们由此认为"纤细型"是人类祖先的"雏形"，他们才是"最早的人类"，人们又称之为非洲型南方古猿。

但是问题并不那么简单，因为南非的南方古猿的地质年代和绝对年代很难确定，不少人认为年代未必超过距今 100 万—70 万年，可能是和爪哇猿人同时代的，在进化上走上了灭绝的道路。"纤细型"和"粗壮型"可能是性别上的差异。因此，把南非的南方古猿算作"最早"的人类，论据还不足。

近些年来，在亚洲、东非的一些地方发现了十分原始的砾石石器。虽几经沧桑，但这些砾石上人为加工的痕迹尚未磨灭掉。大多数考古工作者都认为这些石器是有意识制造出来的工具。对这些原始石器的地质年代加以测定，发现远远早于爪哇直立人和蓝田人地质年代。也就是说，人类的历史远早于60 万年。

1959 年在东非坦桑尼亚奥杜韦峡谷中发现了一个几乎完整的头骨化石，测定年代为距今 175 万年前。这个化石编号为"奥杜韦 5 号"。

1960 年在比"奥杜韦 5 号"低 60 厘米的地层内发现了几块头骨碎片、下颌骨、两块顶骨，同地层中还发现了砾石工具。测定年代为 190 万年前。

1967～1971 年在奥莫河谷地发现了南方古猿类材料，包括 6 个下颌骨、1个不大完整的头骨、许多长骨和 150 颗牙齿，测定年代为距今 400 万～200 万年前。科学家还在距今 200 万年前的地层中发现了石器。

1972 年在肯尼亚北部卢多尔夫湖地区发现了一些头骨、股骨和距骨材料，测定年代为 260 万年前。在相同的地层中还找到了共存的石器。

1974 年，在埃塞俄比亚发现人类化石，测定年代大约为 300 万年前。

1994 年，在非洲埃塞俄比亚发现了距今大约 440 万年前的人类化石"地猿"。2000 年，一位法国学者和他的同事在肯尼亚发现了一批距今 600 万年前的人类化石，并将其命名为"千禧人"。2001 年 7 月 19 日，阿洪塔·吉姆马多贝，这位隶属法国古生物学家米歇尔·布律内考古发掘小组的化石搜寻专家发现了一个脑容量在 320～380 毫升之间，只具备猿类水平，但又具有类似人类短平脸颊的生物化石，科学家们亲切地称其为"托迈"。考古学家的研究表明，"托迈"可能是一个雄性原始人类，大小和现代黑猩猩差不多，生活在距今 700 万～600 万年前的西非。如果能够证明它是人的话，人类与类人猿间最后的演化就必须早于 700 万年前。

人类起源之谜

人类的诞生地到底是哪里

达尔文说，人类诞生地是非洲。他说："在世界上每一个大的区域里，现存的哺乳动物都与在同一区域产生出来的物种关系密切。非洲现在生存有大猩猩和黑猩猩两种猿。因此，非洲过去可能生存有与它们密切相关的绝灭的猿类；而现存的两种非洲猿是人类最近的亲属，因而我们早期的祖先更可能是生活在非洲，而不是其他地方。"

当达尔文写这些话的时候，在任何地方都还没有发现早期的人类化石，他的结论完全是根据理论推理得出的。在达尔文有生之年，唯一已知的人类化石是欧洲的尼安德特人的化石，这是代表人类史上较晚时期的化石。

那时，西方人以殖民主义的轻蔑眼光看待热带非洲：黑暗大陆，不能是如此高贵的智人起源的合适的地方。人类起源非洲的观点因而受到更多的蔑视。这种观念流行了几十年。

在亚洲，19 世纪末有爪哇猿人化石的发现，20 世纪初有北京猿人化石的发现。这加强了亚洲是人类起源地的观点。

非洲虽然从 1924 年起就陆续有南方古猿化石的发现，但是没有受到重视。直到 50 年代末，在东非发现了大量的早期人类化石，人类学界的多数才开始转而认为人类起源的地点是非洲。

但是人类起源的地点目前还不能肯定。从猿的系统中开始分离出来的最初人类的化石还没有发现，能人怎样过渡到直立人，到目前几乎还是一无所知。亚洲大陆，特别是中国已发现各种古猿和人类化石，有着广泛的第三纪沉积，也有发现更早期人类化石的可能。

人类的直系祖先是巨猿吗

巨猿是生活在远古时代的一种灵长类，体重 270 余千克，身高 2.74 米左右。人们知道它的存在的时间并不长，它果真是人类的直系祖先吗?

巨 猿

1935 年，一位荷兰古生物工作者在香港中药铺里捡出三枚奇怪的牙齿。这是一些臼齿，看起来很像人的，但比人的臼齿大好几倍。他认为这种牙齿化石，可能代表一种古代体形巨大的猿类，起名为巨猿。

1945 年，另一位美国的专家详细研究了这三枚巨猿臼齿，认为巨猿并不是猿而是人，应改名为"巨人"，它是北京猿人和爪哇直立猿人的直系祖先，现代人是由"巨人"逐渐变小而成的。

这种看法提出后，轰动一时，人们对此议论纷纷。如果真是这样，人类的远祖简直是个"庞然大物"了，这十分耸人听闻。

到了 1954 年，虽然那位荷兰古生物工作者在香港和南洋各地的中药铺里陆续收集到巨猿牙齿多达 20 枚，但它们在药铺里只是被当作一味中药材（龙齿）而已，不能得知化石的确切产地，也很难确定其年代。要想得到证明还必须在地层里找到巨猿化石才行。

中国南方有许多山洞，山洞里常埋藏有远古时代的动物骨骼和牙齿化石。1956 年，中国科学院古脊椎动物与古人类研究所派一支队伍到广西调查，

广角镜

智 齿

智齿，学名第三大白齿，俗称近根牙、智慧齿、立事牙、尽头牙，是口腔最靠近喉咙的牙齿，如果全部生长出来一共 4 颗，上下颚各两颗，一般是于 16 岁或之后才生长出来。智齿通常是在人类心智已经趋于成熟时才长出，因而得名。有的人 20 岁之前，有的人四五十岁才长，有的人终生不长，这都是正常的。

在大新县牛睡山黑洞里发现了三枚巨猿牙齿化石。不久，根据一位农民提供的线索，又在柳城县楞寨山巨猿洞找到三具巨猿下颌骨近千枚牙齿。1964~1965 年，在广西武鸣县甘圩步拉利山的一个山洞里挖到十余枚巨猿牙齿。1970 年，在湖北建始县，以及近年在广西巴马县也找到了巨猿牙齿化石。此外，1968 年，在印度新德里北 200 千米的皮拉斯普，一位叫兰姆的当地居民交给正在考察的地质人员一具巨猿下颌骨，这是他在数年前从附近的地里挖到的。

人们研究出产巨猿化石地层的地质年代，可以得知巨猿的大致生活时代。现在已经清楚，中国几个地点的巨猿化石，以柳城巨猿的时代为最早，生活在距今约 300 万~100 万年之前的更新世早期；建始巨猿的时代稍晚些；而以大新、武鸣和巴马的巨猿为最晚，生活在距今约 100 万~50 万年之前的更新世中期。据说印度皮拉斯普

巨猿下颌是采自距今 900 万~500 万年之前的上新世中期的地层。那么，如果我们按照这些巨猿的生活时代先后顺序排列，则是：皮拉斯普巨猿——柳城巨猿——建始巨猿——大新、武鸣、巴马巨猿。它们生活在约 900 万~50 万年之前。

巨猿以其牙齿巨大引人注目，不少人提出疑问：有这么大牙齿的巨猿，怎么会是人类的直系祖先？

一位西方学者做了肯定的回答。他认为柳城巨猿生活的时代也许比最早的人类早 10 万年，假使巨猿每隔 10 年可传一代的话，在 10 万年期间巨猿就可以繁殖 1 万代。经过一番计算，他提出，虽然巨猿牙齿很大，但只要每一代巨猿的牙齿都缩小 0.001 毫米，就可以达到最早人类牙齿的地步了。

其实，这笔"细账"大有出入。且先不论这位学者只知道柳城巨猿，而不考虑还有比这时代更晚的巨猿。现在我们只要拿这些不同时代的巨猿牙齿

作一比较，就能看出巨猿牙齿究竟是否会像某些人所说的那样一代比一代地变小了。

事实胜于雄辩。柳城巨猿的牙齿"名不虚传"，确实相当大，但还有比它更大的武鸣巨猿。建始巨猿牙齿的大小介于这二者之间。据说，印度皮拉斯普巨猿的牙齿比中国柳城巨猿的小。如果我们把这些巨猿按牙齿从小到大的顺序排列一下的话，则是：皮拉斯普巨猿——柳城巨猿——建始巨猿——大新、武鸣、巴马巨猿。不难看出，这个顺序竟与按时代从早到晚的顺序一

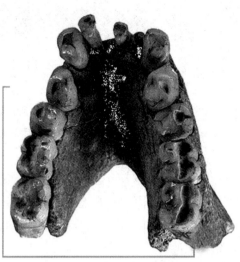

巨猿下颌骨化石

模一样。这说明巨猿牙齿随着时代从早到晚起着变化，但不是从大变小，而是从小逐渐增大。到了距今 100 万 ~ 50 万年前时，人类早已在地球上出现，而这时候的巨猿，牙齿也已经变得最大了。因此，很难设想这时候的巨猿会一下子变成了人类，也没有其他令人信服的证据能表明比这时代更早的巨猿会变成人类。

我们从巨猿牙齿发展的过程所能看到的，它与人类的差别是越来越大，而不是越来越小。这表明巨猿不可能是人类的直系祖先。

人们自然想到，巨猿既然有那么大的牙齿，必定有大的下颌骨，也必定有大的头骨和庞大的躯体。

正因为这个原因，有人认为巨猿的灭绝是因为越长越大，最后因为得不到足够的食物而饿死。但有人认为未必如此。因为在高等灵长类中，有大的牙齿的不见得其躯体也成同样比例地增大。例如，现代大猩猩的牙齿比人的大，但大猩猩的身体却并不比人高多少。

知识小链接

巨型巨猿

巨型巨猿是一种大型已灭绝的猿，生存于现今的印度。巨型巨猿的化石只有牙齿及颚骨。基于其纤细的化石，巨型巨猿是一种生活在陆地上的草食性动物，主要吃竹及树叶。它只有中国的步氏巨猿的一半体型。

目前看来，仅从牙齿和下颌骨来推算巨猿的身长和体重还没有足够的把握，这只有找到巨猿的肢骨才能使推算成为可能。可惜，至今还只发现它的牙齿和下颌骨，因此，关于巨猿体重 270 余千克、身高 2.74 米的推算，还不是很可信的。

所有高等灵长类，包括人类在内，都长有 32 枚牙齿。上颌或下颌的每一侧有 8 枚牙齿，呈左右对称排列：2 枚门齿、1 枚犬齿、2 枚前臼齿和 3 枚臼齿。人类的前臼齿和臼齿（统称颊齿）用于磨嚼，犬齿和门齿（或称前齿）则用于切割。

随着巨猿化石的发现增多，人们开始注意巨猿的齿列情况，而不局限于零星牙齿的观察。有人注意到生活在埃塞俄比亚的一种狒狒——高地狒狒，它与普通狒狒在齿列和下颌骨形态上有一些差别。高地狒狒的臼齿齿冠很高，磨耗很快；臼齿咬合面相对说来较大，颊齿较大，门齿较小，犬齿较弱，下颌骨较粗等等。而普通狒狒的齿列和下颌骨的情况恰恰相反。前者是草食性的，后者是杂食性的。有人认为，由于高地狒狒主要是吃粗糙的植物性食物（草茎、种子和块茎等），因此要有较发育的颊齿以利磨嚼，有强壮的咀嚼肌和硕大的下颌骨以增强机械作用，而门齿相对地说就不很重要。有趣的是，从巨猿的齿列和下颌骨上也可看到与高地狒狒相似的特征：颊齿大，门齿相对地来说较小，臼齿和前臼齿磨耗厉害，前臼齿呈臼齿化，下颌粗大等等。因此，有人认为巨猿在食性上可能和高地狒狒类似——以粗糙、坚硬的植物种子为食。它和现代猿类不同，后者主要是在树林中生活，以树叶和果实为食物，其牙齿形态和巨猿的也不一样。

有人推测，灵长类中朝着人类方向发展的一支，其早期阶段曾有与巨猿同样的生活环境，故在齿列和下颌骨上也表现出若干与巨猿、高地狒狒类似的特征，但又与巨猿的有所不同：其门齿和犬齿向着切割机能的方向发展，磨嚼机能只留给前臼齿和臼齿来担任。而巨猿，不仅前臼齿，而且犬齿甚至门齿，都用于磨嚼。

高地狒狒

这些情况，在某种程度上说明了零星的巨猿臼齿表现出与人类臼齿相似的原因，但同时，我们也可以看出，巨猿已朝着与人类不同的方向发展。看来，巨猿与人类，有如灵长类发展轨道上两股道上的车，巨猿这股道上的车大概在距今100万~50万年前已经到达终点了；而人类的"列车"则继续滚滚向前。所以有人认为在灵长类演化系统中，巨猿是一个业已灭绝的旁支。

我们的祖先是水猿

针对进化论者普遍认为的"南方古猿来到地面生活并进化成人"的说法，有科学家提出了相反的观点，认为南方古猿离开森林后，并没有到地面生活，而是到了另外一个环境中生活。

这些反对者表示，古猿在不具备陆地生活能力的情况下，竟然会离开森林过地面生活是无法理解的。毕竟陆地上危机四伏，气候变幻无常，并且食物短缺，古猿应该不会选择向地面迁徙。

他们还提出质疑：如果人类是从到陆地生活的南方古猿进化而来，那么古猿身上浓密的毛发为什么都不见了？这些毛对于古猿的陆地生活明显是有重要意义的，不应该在进化的过程中消失。有人说，人没有动物那样浓密的毛发是为了方便出汗。但反对者很快质疑说，陆地上运动量大的动物很多，为什么它们仍然保留着浓密的体毛？

人类起源之谜

总之，反对者认为古猿通过陆地生活进化成人的说法，根本解释不了人没有浓密体毛的问题，也无法解决人类会直立行走、拥有聪明大脑等一系列问题。

如果人类不是由到陆地生活的古猿进化而来，那么人类又是如何起源的呢？反对"陆地古猿进化说"的人认为，古猿离开森林后，进入了温差变化很小的水中生活。那里既易于藏身，也便于找到食物。

实际上，人类在水中进化而来的理论并不是盲目提出的。比起进化论原有的说法，这种新理论甚至能够更合逻辑地解释一些问题：人身上浓密体毛的消失是由于它们有碍游水，而人身上还保留的绒毛也是弯曲的，这也是为了便于顺水流游动；而且，由于在水中生活，动物的身体会演化为流线型，古猿的双腿就会渐渐变直，以后能够直立行走也就不奇怪了；水中的鱼虾具有极高的营养价值，古猿长期食用后，大脑也就自然越来越聪明。

知识小链接

水 猿

我们的祖先是水猿的假说，是一种人类演化的替代解释，主要是假设现代人类的共同祖先曾经度过一段半水栖时期，之后才又回到以陆地为主的生活方式。

地质学家也找到了能够支持"猿类水中进化成人"理论的证据。他们发现：约700万年前，现埃塞俄比亚北部的阿法尔平原原本是茂密的森林，后来由于大地构造的变化，曾经形成了一个很大的内陆湖——阿法尔海。百万年之后，它逐渐干涸，变成一片厚达几百米的黏盐土荒漠。从前也同样覆盖森林的达纳基尔高地也在那里。森林既然曾经沉入湖底，树上的古猿到水中生活也就非常合理了。还有一种猜想认为，人类能够说话可能也是人类由水猿进化而来的证据之一。人在说话的时候是不能呼吸的，猿之所以不能像人一样说话，其中一个原因就是不会长时间地憋气，不能储备要说出清晰语言所必需的空气。而古猿一旦进入水中，就会因为潜水的需要而进化出屏住呼吸的能力，自然就具备能够说话的能力。

20世纪末，古人类学家曾在阿法尔平原发现了死于350万年前的类人生物遗骸。根据当时的情况来看，这个类人生物是淹死的。它的骸骨躺在蟹螯中间，同鳄鱼和龟蛋的化石混杂在一起，并没被猛兽伤害和撕扯。"猿类水中进化成人"论者认为，这具骸骨就是猿类到水中生活的证明。

人类的性行为也被"猿类水中进化成人"论者拿来作为支持自己观点的证据。在陆地上生活的动物中，只有人类是面对面进行性行为的。其他动物，不论是哺乳类还是鸟类、爬行类、两栖类，都采用"后骑式"。为什么人类与野生陆地动物的性姿势是完全不同的呢？"猿类水中进化成人"论者认为，正是因为古猿曾经在水中生活，"面对面"的姿势才能保证在水中正常交配，否则雌性就会呛水。鲸、海豚等海洋哺乳动物就是采用面对面的方式交配的。

我们还可以发现，人类在历史上不仅喜欢在江河边上定居，而且考古显示最早的人类也非常喜欢沿海而居，否则就无法正常生活。人类在过去一直在追着"海岸线"发展，只要有能够立脚的丘陵与岛屿，他们就会迅速移居过去。这就难怪有人在猜测：古人类是不是属于海洋动物？很可能在远古时期人类对于水的亲近以及对水的把握能力远远在我们想象之外。

此外，我们也应该注意到：人的身体表面裸露无毛，却有皮下脂肪，这与灵长类动物大大不同，光洁无毛的身体与丰富的皮下脂肪更适宜在较冷的海水中生活并保持体温；人体无法调节对盐的需求，而需要通过"出汗"来调节体温，这是"浪费"盐分的行为，而灵长类动物却不需要靠出汗调节体温，反而具有对盐摄入量的控制与渴求的机制。

20世纪中期，就有人类学家认为：距今800万~400万年前这一时期的人类祖先并不生活在陆地上，而是生活在海中。这就可以解释为什么在这一时期我们在陆地上找不到人类祖先的化石。一些人猜测，大约在800万~400万年前，非洲东部和北部曾经有大片地区被海水淹没，海水分隔了生活在那儿的古猿群，迫使其中一部分下海生活，进化成为"海猿"。几百万年后，海水退却，已经适应水中生活的海猿重返陆地，慢慢进化成现在的人类。

法国的一位医学家甚至提出了更加离奇的新观点，认为人类和海豚的亲缘关系超过猿猴，人类的祖先是海豚。他解释道：首先，人类本性亲水、猿猴厌恶水，而且人的脊柱可以弯曲，适宜水中运动，而猿猴的脊柱却是不能后伸的；其次，人的躯体和海洋哺乳动物一样光滑，头部却长满浓密的头发；第三，人类能以含有盐分的泪液表达感情，海豚也会流泪；最后一点，人类喜欢吃鱼、虾与海藻，猿猴却不喜欢。如果这位医生的理论得到证实，那么进化论在人类起源这方面的解释就是完全错误的。

人类起源于水中的古猿，这确实是一个大胆的理论。想一想，古时候的人类并未因没有现在的坚固大船而畏惧大海，反而经常凭一叶小舟在惊涛骇浪之中迁徙，这真的是让人无法理解的事情。

那么，我们真的来自于水中吗？进化论的解释错了吗？猿类从水中进化成人，有那么多看上去完美的证据在支持这个观点，可又无法让我们深信不疑。

现代人起源谜团

现代人的起源问题，19 世纪末就有人提出来了，当时主要是针对尼安德特人是否是现代欧洲人（白种人）的祖先。一种意见认为尼人进一步发展就成为现代人，是从直立人发展到现代人的中间环节。另一种意见认为尼人不是现代人的祖先；现代人是由尼人以前的智人发展而来的。

尼人以前的智人是从哪里来的呢？当亚洲西部发现年代很早的现代人化石时，有些人便主张现代人始于西亚；以后在非洲南部发现有年代更早的现代人化石时，便由西亚改为南非。

概括来说，有两种对立的假说。一种假说是，由某一地区出现得最早的现代人，散布到各地，代替了当地原来的人而成为现代各人种；这是单一地区起源说。另一种假说是本地区的现代

广角镜

连体婴

连体婴，也称"连体婴儿"，大约每 200 例双胞胎妊娠就会发生一例，而且总是同卵双胞胎。连体婴的发生率为二万分之一至十万分之一；其中 40%～60% 是死胎，剩下的常常在出生后最初的几天内就会死亡。约 70% 的连体婴是女性，其中的原因尚不清楚。

人是由本地区的早期智人以至直立人连续进化而来，各地区之间有基因交流；这是多地区起源说。

现代人起源的两种假说，是过去少数古人类学家在争论中提出来的，一般认为能够为这两种假设物证的有关资料很少，很难得出肯定的结论，不必多费时间争论。

1987 年，情况突然改变了。事情缘于美国的分子遗传学家卡恩和斯通金在这一年发表文章，公布他们对实体进行研究的结论。他们选择了其祖先来自非洲、欧洲、中东和亚洲的妇女以及新几内亚和澳大利亚土著妇女总共 147 人，利用她们生产婴儿时的胎盘，分析了胎盘细胞内的线粒体的脱氧核糖核酸（DNA）。

线粒体在细胞核外，产生维持细胞生活的几乎全部能量。线粒体的 DNA 与婴儿细胞核内的、决定大部分身体形状的基因上的 DNA 不同。首先，线粒体的 DNA 只由母体遗传；它不像细胞核里的 DNA 是双亲基因的混合，由双亲遗传。原因是精子的线粒体都在尾部，受精时只有精子的头部进入卵子。精子尾部既然不进入受精卵，其所带的线粒体 DNA 便都消失了。

根据线粒体 DNA 的这种特点，便可由此追踪她们的遗传关系和谱系。例如，研究某人细胞核 DNA 的某一特殊的基因，向上追溯 5 代，可能有 32 个祖先提供了这个基因，而线粒体 DNA 则只有一个祖先提供了这个由母体而来的基因。

另外，线粒体 DNA 演变的速度比细胞核 DNA 快 5～10 倍，因而在同一时期内，它能积累多得多的变化；变化多则易于区别和测量。由于线粒体 DNA 只有由亲体之一的母体而来，因而它显示出的差别不是由于基因的重新组合，而是由于基因的突变。

他们发现不同类型的线粒体 DNA，有些互相接近，有些则差别较大。由此作了一个系统树表示其相互关系，结果是该树来自单一的共同祖先，但很快分为两支。一支的线粒体 DNA 都是从非洲祖先来的个体；另一支则来自非洲、亚洲、澳洲、高加索和巴布亚新几内亚的祖先，这种类型最简单的解释是其共同祖先来自非洲。根据已知的线粒体 DNA 突变的速度，计算其年代为距今 29 万～14 万年，平均为 20 万年。

他们由此得出结论：所有婴儿的线粒体 DNA 向前追踪，最后追到大约在 20 万年（14 万～29 万年的平均数）前生活在非洲的一个妇女，这个妇女是现今全世界上一切人的祖先；大约在 13 万年（9 万～18 万年的平均数）前，

人类起源之谜

她的一群后裔离开非洲家乡，分散到世界各地，代替了当地的土著居民，最后在全球定居下来。但新近的研究表明，实际年代要比卡恩、斯通金两人得出的年代要长得多。

基本小知识

线粒体 DNA

线粒体 DNA 是指一些位于线粒体内的 DNA，与一般位于细胞核内的 DNA 有不同的演化起源，可能是源自早期细菌。虽然现存生物体中绝大多数作用于线粒体的蛋白质，是由细胞核 DNA 所制造，但这些基因中有一些可能是源于细菌，并于演化过程中转移到细胞核中。

这个理论提出后，立即引起了激烈的争论。无数次的会议，大量的出版物，都围绕这个问题进行争论，甚至提出完全相反的论点。

卡恩、斯通金的"夏娃"理论提出后，遗传学家在尝试着寻找"亚当"。美、英、法等国的研究者已开始在观察 Y 染色体，它只通过男方传递。由于 Y 染色体是细胞核内的部分 DNA，核内的基因比线粒体内的多得多，所以工作起来是困难的。

按照多地区起源说，200 万年以来，从直立人到现代智人，连续进化的趋势遍及旧大陆；有小群体的迁移，而基因交流必须严格限定在极大的地理区域中，还要在如此长的时间内维持这种地理区域的孤立状态，以致大多数群体遗传学家都认为，这简直是不现实的。

按照单一地区起源说，现代的各人种是较晚的时期由非洲进化而来的，各地以前的人群，被以后非洲来的人群所取代，那么现代各人群都应共同具有某些非洲人的特征了，可是直到现在，对此还是不能确定。

按照单一地区起源说，现代人与早期智人之间应该有遗传混合，有些人会具有很不同于现代人的线粒体 DNA，显示其古老的起源。可是，检验过来自世界各地 4000 多现代人所有线粒体 DNA 类型的起源，都在较近的年代，没有发现古老的线粒体 DNA。这种结果意味着现代的新来者完全取代了古老的人群。这个过程于 10 多万年前开始于非洲，然后在以后年代里散布到欧亚大陆。

现代人以前的人被现代人大部分甚至完全取代，取代是怎样发生的？要是真的被取代了，那么现代人以前的人后来是怎样消失得无踪无影的呢？按照人类生存的逻辑，这样彻底的消失，可能发生吗？这是难以回答的问题。

两种假说都有难以解释的困难，有待未来的研究工作来解决。

食人风问题

在现代民族中，不少地方曾流行过"食人之风"，有着吃人肉或人脑的习俗。有人认为，在原始人类中也有吃人风气。有人认为没有。还有人认为，北京猿人是开"食人之风"的始祖。有关吃人的风气产生的原因以及在人类进化中的意义等，也有不同的观点和看法。

据报道，在澳大利亚、印度尼西亚和太平洋的一些岛屿上，在非洲和南美洲的一些部落中，有的直到近年还保持着吃人的习俗。

古希腊的亚里士多德曾记载黑海沿岸部落中吃人的事。1688 年，荷兰曾出版了一本题为"吃人的本性和习俗"的书。赫胥黎在 1863 年出版的《人类在自然界的位置》一书中，专附有"16 世纪非洲的吃人风气"一文。他说："在非洲刚果的北部，过去住着一个叫安济奎的民族。

食人族

这个民族的人民非常残酷，不论朋友、亲属，都要互相吃的。"又说："他们的肉店里充满人肉，以代替牛肉和羊肉。他们把战争时捉到的敌人拿来充饥，又把卖不出好价钱的奴隶养肥了宰杀果腹。还有为了厌世或者追求荣誉（这个民族的人把舍弃生命看作是一件伟大的事情，是勇敢精神的表现）或者为了对统治者的爱戴，把自己的身体贡献给人吃。"书上还附了一张安济奎人的人肉店的插图。

早期人类的群体之间和群体之间是否存在着敌对的情况，从 20 世纪初就有两种互相对立的观点。一种是所谓战争派，认为早期人类中就有着相互敌对的人群。另一种是所谓和平派，认为早期人类和平相处，生活在"黄金时代"。由于长期来存在着这两种不同的意见，因此对发现的人类化石也有着不同的解释。

在南方古猿和能人中，在南非、东非和北非发现的、以颅骨为代表的 40 多个个体中，有 20 个被认为是他杀的。1961 年路易斯·利基报道的一个 11 岁的前东非人（后改名能人）的左顶骨上有一凹陷，有放射状裂纹，下颌骨断裂。有人认为这是自然破碎的。南非的 19 个标本中，有的颅骨破碎，有的骨上有洞或凹陷的破裂。有人认为，南非的几个地点如汤恩、斯特克方丹等都不是古猿居住的洞穴。颅骨的破碎和凹陷或是水流冲击和土石挤压的，或是岩石掉落造成的，或是动物如鬣狗咬啮的结果。其中只有两个有较明显人为损伤的证据，一个是克罗姆德莱地点的南方古猿粗壮种的颅骨破片和颅内模内有一块燧石状的岩石，另一个是斯特克方丹地点南方古猿非洲种的右顶骨上有成双的凹陷破裂。不过，即使肯定是人为损伤的骨骼也不一定是吃人风气的遗迹。至今也没有人提到南方古猿和能人中已有吃人风气。

在直立人阶段，爪哇猿人的 8 个头骨中只有 4 号头骨（颅骨后部）被认为有人为伤痕。有人认为爪哇猿人化石都来自火山堆积，由泥流与大小砾石一同冲刷到发现的地点，因而颅骨可能受损。周口店猿人洞（第一地点）被认为是石器时代有吃人风气证据的典型地点。不仅一般性的著作，有些专门著作中也这样写着，还提出猎头风俗起源于北京猿人的说法。

北京猿人有吃人风俗的说法是人类学家魏敦瑞首先提出的。他在 1943 年发表的《中国猿人头骨》专著中说，猿人"猎取他们自己的亲族正像他猎取其他动物一样，也用对待动物的方式同样来对待他的受害者"。至于颅骨为什么被打开，魏敦瑞认为可能是一种礼俗，或者是为了取食脑子。从长骨纵向破裂暴露髓腔来推论，认为取食脑子更为可能。由于魏敦瑞在古人类学界的权威地位，他的这种论点至今仍在发生影响。

1961 年，人类学家伯高尼奥在魏敦瑞论点的基础上，提出了另一种解释。他参照印度尼西亚西里伯斯岛（今苏拉威西）南岸的布晋人的习俗。这种人在 18 世纪改信伊斯兰教以前，把死人送到远离住地的空旷地方掩蔽起来，等到尸体干燥后，头即很容易取下，甚至不用割下颈椎，然后把头庄重地搬到村里，成了死者家庭的一种起保护作用的神物。有时只保存下颌骨，像奖章那样，用绳子悬挂在颈上。与这种礼俗相联系的，是用棍棒打击颅底，扩大枕骨大孔，取食脑子，以为吃了脑子就会得到死者的美德和优点。他又根据猿人洞里没有发现过颈椎，头骨却较多，而头部以下的骨骼很少的事实，提出北京猿人也像布晋人那样，实行上述那种"两阶段"的葬仪。

在欧洲发现的古人类化石中，在德国发现的埃林斯多夫头骨和在南斯拉夫发现的克拉皮纳头骨，都被认为是为了吃人的目的而被他人用暴力打死的。法国的费拉西头骨的破裂痕迹被认为是被人打死后取食脑子的，但也有人认为是由于滑坡而受伤的。

晚期智人化石中被认为由于暴力而造成损伤的有两例，即我国周口店的山顶洞人和法国的克罗马农人。

总括现有的资料，认为有吃人风气的根据是：①头骨的颅底部分破裂，是敲破颅底，取食脑子；②纵裂的长骨，是人工敲破取食骨髓；③在"灶间"灰堆或废物堆中的人骨破片，是食用后遗留的；④火烧过的人骨，是吃人肉后遗留的。

拓展阅读

食人鱼

属于锯脂鲤亚科，其与许多杂食性鱼类是近亲，例如淡水鲳鱼。事实上，通过牙齿构造来看，只有四个属才能算是真正的食人鱼（它们是锯啮脂鲤属、臀点脂鲤属、尻锯脂鲤属、锯脂鲤属）。

这些被认为是吃人风气的所谓根据，许多是不确实或站不住脚的。头骨颅底部分的破裂，可以是由于颅底结构上的弱点而造成的。颅底有许多供神经和血管通过的孔道，骨质的厚薄有很大的差别，因此受压后易于破碎。而头盖骨部分由于它的穹隆形，厚薄又较为一致，外来的压力可以均匀地分散到各部，因此能够经受较大的压力而不破碎；即使破碎，也是裂成较大而扁平的骨片，比较容易被保存下来。面骨部分也比较脆弱，容易破碎，因而在人类化石中也常缺损。至于肢骨，由于受到水流冲击或土石压力，易于折断，一般都很少能完整保存。长骨纵向裂开，也不一定是人工打破取食骨髓的。例如，泥沙侵入断裂的长骨髓腔，由于潮湿膨胀而产生外向压力，就可以使长骨发生纵裂。在"灶间"灰堆或废物堆发现的人骨破片或是被火烧过的人骨，也不一定是吃人后弃置的。骨骼是一种耐久的良好燃料，现代的一些民族中仍有用骨骼做燃料的。烧过的人骨也可以是当时人类无意中弃置在火堆中的，也可以是由于埋葬地靠近生活处所而混入的。

从以上的分析中，可以认为，吃人风气的证据许多是不可靠的，但并不排除其中少数是确实的。

关于吃人风气产生的原因，有各种说法。古希腊的亚里士多德认为吃人是由于人的野蛮兽性所致。

近年来对于各种哺乳动物的习性的研究表明，在野生的正常状态下，同一个种内的动物，极少有因殴斗而致死的。只有在群体的数目远远超过其生活环境能够容纳的限度时，才会发生殴斗致死的情形。对于灵长类的若干种类（如黑猩猩、大猩猩等）的野外观察，也表明群体之间和群体之内通常都是和平相处的。各猴群之间，有些对入侵的邻群进行抵抗；有些则生活地区可以互相重叠而和平相处。长期的野外观察表明，即使像狒狒那样最富有侵袭性的动物（对它们的群体行为的研究，是被用来作为早期人类的生活状态参照的），也未发现它们有互相捕食的行为。因此，吃人风气是由于人的野蛮兽性之说，不能从对现生灵长类习俗的研究中得到支持，不能认为人吃人是由于人从动物遗传来的野蛮兽性的表现。

有人认为，吃人是以人作为食物的来源。从理论上说，任何一个物种，不可能把同一种的个体作为重要的食物来源而在长时间内不使这个物种绝灭。就人类来说，怀孕的时间很长，每胎一般是一仔，产出后的生长相对地说是缓慢的，因而所需时间是很长的，因此更不可能把自己的同类作为重要的食物来源而不遭到灭种的危险。

在食物极端缺乏的情况下，发生人吃人的事是可能的；即使第二次世界大战期间还发生过吃人尸体的事。但是在现代民族中，没有任何已知的民族是经常吃人肉的。吃人风气一般都不是为着获取食物，而是为着某种礼俗或信仰。

在现代民族中，吃人风气肯定是存在的。总的来说，被吃的人或是老人，或是俘获的敌人，或是为着某种信仰而献身的人，或是刚死的人（包括敌人和亲属）。

那么，吃人风气是从什么时候开始的呢？单从上述的化石证据还不能确定。从人类发展的过程来看，早期的人科成员如南方古猿类以至其后的猿人，身体本身并没有锐利的武器如肉食类的犬牙，也没有硕大的身体；使用的生产工具是简陋的木棒和石块。从单个的原始人来说，力量是薄弱的，他们必须依靠集体的力量，互相协作地进行生产，才能克服种种困难，求得生存。原始人类受着自然的严峻压力，他们的生活是非常艰苦的，寿命是相当短的。据研究，20 个尼人中只有 5% 活到 40 岁以上，有 40% 死于 11 岁以前。到旧石器时代晚期，人类的寿命就明显延长了，10.8% 的人活到 40 岁以上，1% 甚至活到 50 岁以上，死于 11 岁以前的孩童只有 24.5%。这说明原始人类大都死于较年轻的时期，很少有活得很老而不能再从事生产活动的人。对原始人群来说，年龄较大的人有着较多的生产实践经验，是对群体生存有利的因素，似乎不会由于年纪老一些就被吃掉。在周口店猿人洞里，被认为是被吃者也都不是老人，这也表明在原始人中没有发生吃老人的风气。

原始人是不是吃敌人？在没有阶级的原始社会中发生大的人群之间的集体屠杀的战争行为，从理论上说是不成立的。但这并不否定在个人之间和小集体之间的矛盾冲突中，会发生殴斗、伤害甚至死亡的情况。原始人是否吃已死的人？由现代民族中的情况观之，可能只是在食物极度缺乏的特殊情况下才会发生。

至于为着某种礼俗、信仰而吃人，根据现有的资料来看，信仰产生于人类发展的较晚阶段，当人类的抽象思维能力发展到一定的高度时，才有宗教信仰的产生。

在当代的狩猎—采集部落中，未见有他们有吃人风气的记载。而在原始的农业部落中，则常有吃人风气。这也表明这种风气的起源可能是在较晚的时期。根据上述各方面的资料，吃人风气可能是在旧石器时代晚期以后才滋长起来的。

有关"吃人风气"的许多问题，从目前的资料和证据来论，还有不少是难于下定论的，可以说还是一个个待解的谜。

类人猿的秘密

现在，我们到动物园，可以不费劲地看到各种猴子和猿类，这是一件令人欣喜的事。可是，你要知道，从这些动物未被人们所认识到人人皆知，是一件极其不易的事。

早在 1493—1502 年哥伦布环球旅行时，就有了关于类人猿的传说。当时就流传一种既像羊又像马也像人的动物，甚至在艺术作品中也有反映。但是，由于当时人们并未认真考察，所以没有一个像样的文字记载。

到 1598 年出版的《刚果王国实况记》里，才记述了一个葡萄牙水手洛佩兹在刚果看过的一

广角镜

会说话的鹦鹉

多数鹦鹉都是十分美丽的鸟类，某些种类经过训练后还可以模仿人语，经常被饲养做笼鸟。常见的有虎皮鹦鹉、鸡尾鹦鹉和牡丹鹦鹉等。

种身上无尾、臂长、耳朵大、会模仿人的姿势的奇怪动物——猿类。当时，有个木刻家还为此创作了一幅精致的木刻，从此以后，便引起欧洲的旅行家、航海家、探险家、商人和士兵们的莫大兴趣，并总想冒些风险去寻找这些怪物。

其中，最有意思的，也是亲眼看到这种奇异动物特征的，是一位叫作巴特尔的西班牙士兵。由于他随从总督到安哥拉内地去旅行，在旅行中，他和他的同事吵架，一气跑到森林里去，在那里住了八九个月。他看到安哥拉内地有一种大的猿类，其身长和人相仿。四肢比人大一倍，体力很强，全身有毛，整个体形和人一样，住在树上，吃树上的果子。这一个重要的发现，被一个叫作珀切斯的英国人记述下来，刊登在 1613 年出版的《珀切斯的巡游记》一书中。

不久，这位巴特尔当了葡萄牙人的俘虏，被流放到安哥拉，又在这个他感兴趣的地方居住了 18 年，使他有机会在现今的卡玛河和瓦斯河一带活动，更详细地观察这些猿类的特征。他的这些记录又被编入 1625 年新编出版的《珀切斯的巡游记》一书中。据巴特尔说，他在卡玛河和瓦斯河一带的密林里，看到到处有很多狒狒、猿和鹦鹉。更重要的是他发现其中有两种很可怕的怪物。一种是大型的，当地叫作"庞戈"，一种是小型的，叫作"恩济科"。巴特尔对小型猿类特征忘了，但对大型猿却做了详细的观察。据他的记载，"庞戈"的身长接近人类中的巨人，颜面像人，眼窝深凹，头上的长毛披到额部，遍体是毛，毛色暗褐，面部、耳朵和手掌不长毛。腿也像人，只不过没有小腿肚。时常两脚行走，走路时两手抱着颈背。晚上睡在树上，并在树上筑一些遮蔽物以防雨水，但不会说话，没有多少智力。他可以用拳头和拿着木棍去打击大象。如果它的同伴死了，它会用大量的树枝和木头把它掩盖起来。

　　这样活生生的记载，便引起越来越多的人的兴趣，所以前来考察的人更多。例如法国海军的官兵们，给上述的怪物起了很多的名字，除了巴特尔称之为"庞戈"、"恩济科"之外，还有"博戈"等等混乱的名字。"博戈"究竟是什么东西？起初谁也搞不清楚。幸好一位航海者搞清楚了，原来是萨拉热窝人称呼一种大猿的名字。但是，由于人们，尤其是欧洲人对这种怪物的看法很混乱，所以称呼也就不一，原因在于他们没有能够得到直接的证据。

　　大约过了二三十年，有人送给英国亨利亲王一只名叫"奥兰乌旦"的猿。1641 年托尔披乌斯研究了这种猿，其结果在《医学观察》杂志上发表，并插入一幅很好的图，他认为这个"奥兰乌旦"是印尼半羊人。但也有人不同意，例如蓬提乌斯和泰森，尤其泰森，他和他的助手考珀对"奥兰乌旦"与猴子、猿和人进行比较解剖，发现它的特征是毛直而呈灰黑色，当它步行时，四肢走路，前肢用手指关节着地，身高 80 多厘米。他们认为"奥兰乌旦"是从非洲来的"矮人"，并附了一张图。

　　后来，赫胥黎通过各种关系从切尔藤汉博物馆弄到这个动物的骨骼，经他研究，认为泰森称为的"矮人"是一个年幼的黑猩猩。但是，"黑猩猩"这个名称，用于指称现在非洲的一种极著名的猿类，是在 18 世纪上半叶。1835 年欧文在《动物学学报》发表论文，才最后弄清楚并且肯定它是黑猩猩的存在。

可是，从1613年巴特尔提出的"小怪物"到1835年正式肯定它是黑猩猩，已经历了222年。

既然巴特尔所说的"小怪物"已证实是存在的，那么巴特尔所说的"大怪物"又是否存在呢？

自从1613年巴特尔提出两种怪物以后，大多数观察者都认为是黑猩猩，没有谈到大猩猩的情况。到1819年，另一位旅行者鲍迪奇从加蓬当地人那里了解到，"大怪物"当地人叫作"印济纳"，身高有1.5米，肩宽1.2米，会盖粗陋的房子，他认为这和"小怪物"不同，是大猩猩。

广角镜

黑猩猩的血型

黑猩猩，是黑猩猩属的两种动物之一。黑猩猩的ABO血型以A为主，有少量O型，但没有B型。M血型和N血型也有发现。

又经过28年，到1847年，一位叫作萨维奇的人到加蓬考察。有一次在加蓬河畔，他到一位住在那里的传教士威尔逊家里做客时，忽然见到摆在桌子上的一个怪物的头骨，据威尔逊说是当地人送给他的。这是一种像猿的动物。萨维奇认为是猩猩的一个新种，并提出和他共同研究。后来，再加上解剖学家怀曼的丰富材料，使他们能够一一记述它的特征。萨维奇所确认的这种类人猿，恰好是学者们所探求已久的巴特尔的"庞戈"。但是，萨维奇不用已被滥用了的"庞戈"这个名字，而是采用古代航海者迦太基人在非洲一个岛上发现的满身长毛的野人的名称，即现在所熟知的"戈列拉"一词。

可见，从1613～1847年，整整经过234年，才最后证实大猩猩的存在。

那么猩猩和长臂猿又是怎样被证实的呢？关于猩猩的传说也是相当混乱，同非洲的黑猩猩和大猩猩都混杂在一起，例如泰森的"矮人"是从非洲运来的，但托尔披乌斯认为是从印尼运来的"奥兰乌旦"。如果说1641年运到欧洲去的是真的从非洲来的黑猩猩，那么在这时期还未见有关猩猩的报道。到1744年，史密斯出版了一本名为《几内亚新的旅行记》的书，讲到当地人称之为"曼特立儿"的一种奇异动物。这个名词很少人听到，它长得怎么样呢？

史密斯对这种怪物进行考察，据说身长与中等身材的人相像，腿短而粗，手和臂比例较相称，头大，面宽平，面无毛，身上毛长而黑，面皮发白而且像老头子那样有很多皱纹，鼻子小，嘴大唇薄，牙齿宽又黄。在发怒和烦躁时，会发出小孩般的啼哭声。书内同时还附有插图，但未得到实物标本。

后来，有一位叫丰比的学者，幸运地得到一个成年的亚洲类人猿，希望这个类人猿是一个猩猩，所以对它进行研究，结果他认为是长臂猿。就是说人们在考察猩猩中，意外地证实了长臂猿的存在。

与此同时，荷兰博物学者奥斯梅尔和著名解剖学家坎佩尔对送到荷兰去的"小猩猩"进行研究，于1779年发表了一篇关于猩猩的论文，明确提出印度尼西亚群岛（当时叫作东印度群岛）存在一种真正的猩猩。但是仍然有很多人不同意他的看法。

几年后，住在印尼的一位荷兰高级官员拉德马赫尔，用100多维尼卡币做赏金，让当地人给他抓一只1.3～1.7米高的猩猩，并且同他们一起进山。因不好抓活的，他们只好打死一只，并将其交给一位驻荷兰东印度公司的德国人冯武尔姆研究，冯武尔姆认为是婆罗洲的大型猩猩。研究完后，冯武尔姆因航船不幸失事，未能将标本运到欧洲。因此，人们对冯武尔姆的研究结果将信将疑。

到1784年，赫胥黎在英国奥林奇亲王的博物馆里，又看到陈列在那里的一个完整骨骼标本，但不是冯武尔姆丢失的标本。这个标本后来运到法国，引起很多学者的注意。如圣提雷尔和居维叶认为这个骨骼不是猩猩的，也不是大猩猩的，而是和狒狒相似。他们于1798年发表文章，提出了自己的看法。

可是到1818年，居维叶改变了自己的看法，同意另一个学者布鲁门巴赫的见解，认为是一只成年的猩猩。1824年，另一个学者鲁道夫进一步研究这个动物的骨骼，认为至少是与猩猩有密切关系的一种猿类。同时他明确指出该猿类居住在亚洲的婆罗洲和苏门答腊。

关于猩猩的所有疑点，最后经欧文研究后在《动物学学报》上发表论文，终于全部解决了。这篇文章完全证实了猩猩的存在。就这样从1744年史密斯的记载一直到1835年欧文的正式肯定，整整经历91年。

这样看来，从有关类人猿的传说到最后的被肯定，整整经历了234年的

人类起源之谜

历史。这漫长的认识过程，既令人兴奋，也充满了争论。但客观存在的事物，终究会被实践证明，被人们所认识。科学家们最后终于证实至今世界上存在着四种类人猿，即亚洲的长臂猿、猩猩、非洲的黑猩猩和大猩猩。

在中国幅员辽阔的国土上，有茫茫的原始林海，有数目众多的溶洞，是否有可能残存着某种尚未发现过的奇异动物呢？根据目前所掌握的有关情况和群众中的传说，这种可能性不能说是没有的。这个谜正等待着人们去揭晓。

野人是怎么回事

人　熊

在我国，关于"野人"的传说由来已久。从云贵高原到大江南北，从百岁老人到放牛娃娃，差不多都可讲一段"野人"的故事。其大意是：在那深山老林里，有一种"野人"（有的地方叫人熊），它浑身是毛，两"脚"行走，一旦被它抓住，就难于逃命。人们为了防御，两肘带竹筒，若与"野人"相遇时，就把套有竹筒的手肘让"野人"抓住。此时，"野人"欢喜若狂，笑晕过去。就在这一瞬间，被抓的人丢下竹筒可立即逃命。当"野人"清醒过来时，在它手中留下的只是一节空空的竹筒。

"野人"的故事，并非只局限于我国，从亚洲到美洲，也有相似的传说。如"雪人"、"怪人"等等，都与我国传说中的"野人"形态大同小异。

那么，世界上究竟有无"野人"呢？

依进化论的观点，所谓的野人不像是指的现代人类，因为现代人除了极个别的返祖现象（如毛人），正常人是不会遍体生毛，脸面似猴的。即使现代人常年居住在深山老林，不吃盐，不吃熟食，不穿衣服，除了头发、胡须等毛发可能长得比较长之外，全身是长不出那么稠密的长毛来的，更不用说脸面会变成了猴相。如果这种推论有一定的道理，那么所谓的野人，势必要从另外的角度上考虑了，即看看有哪些动物的形态与传说中的"野人"有关。

据目前所知，世界上的大型哺乳动物中，只有灵长目中的类人猿和一些高等的猴，在迫切需要的时候能直立起来并且单凭两脚向前移动；还有食肉目中的某些熊也可以站立。这就产生了这样的问题：传说中的"野人"会不会就是猿、猴或者熊呢？当然，并不排斥"古人"向"新人"进化过程中，由于内因和外因的种种条件所致，少数"古人"一直保留着那种原始的形态而残存到了今天，成了人们所说的"野人"。不过，这种可能性是极有限的，而最有可能的情形是前两者。

首先，从熊说起。

熊科包括六属：即白熊、棕熊、美洲黑熊、亚洲黑熊、马来熊和懒熊。白熊和棕熊是世界上最大的熊类。白熊仅限于北极地区；棕熊遍及亚、美、欧各大陆；黑熊的分布，也相当的广泛。

趣味点击　最老的北极熊

根据吉尼斯世界纪录，最长寿的北极熊是生活在加拿大加国西部动物园的北极熊黛比，享年42岁。同时黛比为现存八种熊类中史上第三高龄。

中国的熊，除棕熊（有的地方又叫马熊）外，还有黑熊和一种黑熊的变种——白熊。这几种熊，尤以黑熊的分布最广，几乎全国都有。棕熊的生活区，主要在东北的大、小兴安岭和长白山一带。据说，在秦岭山脉的西端也有它们的足迹。

棕熊的个子很大，其体重可上千斤。它的毛色有深有浅，而以棕褐色为主。性孤独，从不成群。

黑熊的个子小些，但体重也有好几百斤。它的毛色，除了颈下有一块白毛外，其余都是黑的。它的生活习性与棕熊差不大。但视力不如棕熊，所以它有个外号，叫"黑瞎子"。

无论棕熊（马熊）还是黑熊，都能站立，若经驯养，还能"行走"几步或做出一些惹人喜爱的动作。

由于熊能站立，在自然界里易于给人一种错觉，即把熊当作"野人"。尤其是它的足印，如果不仔细观察，或者印痕经过 风化，常常被误认为是人的脚印。为了说明问题，这里不妨谈谈长期以来关于"雪人"的传闻。

19 世纪以来，有不少探险家、考察队曾在喜马拉雅山考察"雪人"。这种考察至今还在继续。其中就有不少学者认为，所谓的雪人根本不存在，而是一种熊。但也有人反对，或半信半疑，认为雪人不是熊，而是一种大型的类人猿，或者"古人"阶段某些残存分子。

一些学者对"雪人"作了如下有趣的描述：

拓展阅读

进入太空中的猴

部分国家会把猴子用于太空探索任务，包括美国和法国。而首只被派往参与太空探索的猴子是 Albert II，它搭载了美国于 1949 年 6 月 14 日发射的 V_2 火箭。

1. "雪人"生活在 4～5 千米的雪线以下的森林上端。

2. 以植物为主要食物。也吃一些昆虫和小型哺乳动物。

3. 体高 1.7～1.8 米。完全直立"行走"。

4. 全身长毛，毛呈灰色或褐色。

5. 性孤僻，喜欢单独活动。

6. "雪人"脚印长 25～30 厘米，比人脚要宽，大趾和第二趾厚，与尼安德特人相似，但还要原始。

看了这样的描写，"雪人"的存在似乎是确定无疑的。但是，近些年来人们从未抓到过它，甚至连它的照片或者它的骨骼也都没找到。究竟有没有"雪人"，谁都不能肯定。

同样，"野人"亦存在着与"雪人"相似的问题。可以直截了当地说，至今还拿不出关于"野人"的具有说服力的实证。仅凭目睹、传说或者毛发、足印，毕竟是难于对它的存在做出确切的结论的。

以上谈到的是熊与"野人"、"雪人"的关系。现在，再来看看"野人"是否可能就是某几种大型的高等灵长目。

灵长目的种类繁多。依照现行的分类，包含着好几个亚目。这里所要讨论的，只限几种大型高等灵长类动物，如猴亚目中的四川猴、广西猴；类人猿亚目中的长臂猿、猩猩、黑猩猩、大猩猩。这些种类，除猩猩、黑猩猩、大猩猩外，四川猴、广西猴、长臂猿在中国境内也有发现。

猩猩的身高介于黑猩猩和大猩猩之间，约 1.3 ~ 1.4 米，雄的高于雌的。体重一般在 50 ~ 100 千克。猩猩有一身棕红色的毛，腿短，胳膊长，肚皮大，看上去显得特别笨重，远不及黑猩猩灵巧，反应也比较迟钝。但它们的力气很大，据说可以同大蟒搏斗。

大 猩 猩

它们有筑巢的习惯，但都是临时性的，用过两三次后就扔掉，然后搬家再搭。猩猩不喜欢群居，爱单独活动，年长的雄猩猩性格更孤独。它们在南洋老家以各种野果、嫩芽、嫩叶为食，有时也吃点鸟卵或者小鸟之类的动物，还有昆虫。黑猩猩产于非洲西部和中部，生活在热带的密林中。它们个子不大，直立起来约 1 米许，体重一百来斤。它们全身黑色，行动敏捷，善于模仿人的动作。别看它个子不高，但其臂力很强，三个壮汉不一定能抓住它。

黑猩猩喜欢群居，常 10 ~ 30 只一起在丛林中觅食，食物以植物为主，如野果、嫩枝、树叶、野菜，也吃蝗虫、鸟卵及某些哺乳动物，如野猪和狒狒等。

大猩猩生活在非洲热带潮湿的密林中及高山上。有两种：一种属西非低地的大猩猩；另一种属中非高山上的大猩猩。这两种大猩猩的形态和毛色都有所不同，低地的前肢较高山上的略长；低地的毛较稀疏，不像高山种那么厚密。

大猩猩的身材比其他类人猿都高大，一只中等个子的大猩猩就超过 1.5 米，体重达 200 千克。因此，大猩猩的体力足以匹敌一头雄狮或一头老虎。它是聚居的动物，常常是三五成群，共同生活。它们的流动性大，无固定住所。它们的食物与猩猩和黑猩猩相似，以野果、嫩枝、树叶为生。

大猩猩有一种特殊的本领，当它被人发现或遇到天敌（虎、豹之类）时，便站立起来，用"拳头"使劲敲打自己的"胸膛"，同时张开大嘴，露出犬牙，连声怒吼，以此示威，吓唬对手。

长臂猿生活在热带或亚热带的原始森林中，分布范围仅限于东南亚。中国云南的西双版纳和广西南部，以及海南岛等地也先后发现过长臂猿。它是上述几种类人猿中个子较小的一种，站立起来仅 1 米左右。它最突出的一个特点，是前肢相当的长，其次是胆小、怕冷、行动敏捷。长臂猿的活动有一定的路线，吃野果、树叶、嫩芽、昆虫、鸟卵等。

云南白掌长臂猿

四川猴是生活在中国四川西部、北部以及横着断山脉一带高山上的一种比较大型的猴子。它的身材比一般猴子都大，站起来可超过 1 米。体毛厚密，能耐寒，毛色棕褐，或者呈青灰色（因此又叫大青猴）。老年的猴子在两颊和颏下常生长出相当长的须毛。四川猴的食性与上述几种类人猿相似，主要吃植物性食物。

知识小链接

四川金丝猴的特征

四川金丝猴体型中等，成年雄性体长平均为 68 厘米，尾长约与身体等长或更长。它的鼻孔向上翘，颜面部为蓝色，吻部肥大，没有颊囊，嘴角处有瘤状的突起，并且随着年龄的增长而变大和变硬。颊部及颈侧棕红，肩背具长毛，毛色金黄。

中国猴子的种类较多，如广西猴、台湾猴、黑叶猴等。此外，还有一种最珍贵的金丝猴，这种猴子的尾巴很长，毛色优美，是世界上独一无二的品种。它分布在中国的四川、甘肃、陕西和湖北的神农架等地。

以上列举的种类，在灵长目中都是比较重要的代表，特别是猩猩和黑猩猩、大猩猩，与人有许多相似之处，并且它们在不得已的时候也能用两脚走路，也能站立起来，"行走"几步。

所以，当人们尚未认识某种大型灵长类的本来面目之前，更易于把它们当成"怪物"或者"野人"。例如，猩猩，它的老家在赤道附近，居住在印度尼西亚的苏门答腊和加里曼丹的两个岛上。土著人称它是"奥兰乌旦"，即林中"野人"。

在我国，类似上述猩猩的例子也曾有过。20世纪50年代末到60年代初，据说在西双版纳密林中，有人发现了"野人"。但经过反复考察，却毫无结果。后来人们推测可能是一种类人猿（如长臂猿）。

在蒙古国，亦有相似的流传。那是20世纪50年代的事了。曾看见过"阿尔马斯"（即"野人"）的戈壁居民讲："阿尔马斯"很像人，遍体有一层薄薄的红褐色的毛发。它与蒙古人的高矮差不多，但是有点儿驼背，走路时膝盖部分是半弯的。它的颌骨很大，前额很低，眉弓像蒙古人一样突出，与尼安德特人完全吻合。

此外，在美洲还发现过一种叫作"萨斯夸支"的怪物。有人声称它能直立行走，身上长毛，样子像人，有2米来高，大脚。一些探险家在考察中，不仅发现了"萨斯夸支"的毛、足印、手印和听到了它的叫声，而且据称还拍下了珍贵的镜头。

即使在今天，一些偏远角落里仍隐藏着一些令人惊异的动物。近年来，动物学界最重要的发现之一就是，1994年在越南发现了两种"怪物"：一种是越南麂，它是一种羚羊，大部分时间将在水里，脑袋长得奇形怪状，鼻孔长在鼻口上方；另一种"怪物"是长着纺锤形角的生活在丛林里的公牛。这些未知动物的存在，也很容易引起人们对"野人"的错误理解。

虽然，不管是"阿尔马斯"，还是"萨斯夸支"，其命运与前面提到的"雪人"如出一辙，都没有获得令人信服的真凭实据，但人们对"野人"的探索的脚步却从来没有停止过。继喜马拉雅山"雪人"寻踪之后，1994年，美国科学家理查德·格林韦尔率领一支中美联合考察队，开始了在中国搜寻"野人"的艰难旅程。他们在传说中"野人"出没最多的地方收集到了一些毛发。这些样本被送到上海某高校的核物理实验室。物理学家们得出结论，样本中的金属含量表明，这些毛发属于一种尚未被发现的物种。

看了这些例子，人们也许会说，什么"野人"不"野人"，根本没有那么一回事。中国既无猩猩，更无大猩猩和黑猩猩，说不定闹了半天是熊或者猴。甚至什么也不是！

但是不能把问题简单化了，任何事物都有其发生、发展和逐步认识的过程。也就是说，我国史料中记载的和民间流传的"野人"，除了熊和猴有可能被误认以外，还有没有把别的什么动物当成"野人"的例子呢？比如说，像类人猿之类的动物。当然，从现代动物学的观点看，中国除了长臂猿外，还都未曾发现过现在生存着的猩猩、大猩猩和黑猩猩。但是，根据古生物学、考古学以及有关史料，在我国有些动物是二度生存过的，如猩猩和巨猿。

为了把问题说得透彻，让我们看看"大熊猫—巨猿动物群"的兴衰史。

人们对于大熊猫的了解，比对巨猿的了解要多得多。为什么？这是由于大熊猫有活着的代表，加之外形奇特，动作惹人喜爱，使它成为世界各国动物园中的珍贵展品。而巨猿呢？却完全相反，人们能见到的都是化石，除了少数古生物工作者对它比较熟悉外，一般人不一定了解。要是巨猿也能有其活着的残存代表，恐怕比熊猫的声望高得多。

基本小知识

大 熊 猫

大熊猫，一般称作"熊猫"，是世界上最珍贵的动物之一，数量十分稀少，属于国家一级保护动物，体色为黑白相间，被誉为"中国国宝"。大熊猫是中国特有种，属熊科，现存的主要栖息地在中国四川、陕西等周边山区。全世界野生大熊猫现存 1590 只左右。

---

20 世纪以来，在我国江南广泛分布的石灰岩山洞里，先后发现过相当数量的大熊猫和巨猿等脊椎动物化石，从地质历史的第四纪开始就有了它们的

足迹。如距今 200 万年前的广西柳城巨猿洞，经多次发掘，共采集了几十种哺乳类化石，其中最多的乃是巨猿，单个的牙齿就数以千计，比较完好的下颌骨有三个。除此以外，还有猩猩、熊猫、犀、貘、马、象以及大量肉食类和偶蹄类等古动物。这时期的大熊猫—巨猿动物群，由于处在初级阶段，数量有限，因而保存下来的化石也就不多。据目前所知，只发现了几个地点，广西柳城巨猿洞就是其中的典型代表。

到了第四纪中期（距今大约 100 万年），该动物群除在中国江南各省和秦岭北坡存在外，在我国的西南各邻国也有其踪迹可寻。此时期的这个动物群，无论种类上还是数量上都很繁盛，可以说是它们兴旺发达的时期。

到了第四纪晚期（距今 10 万年前），人类的发展和活动范围不断扩大，大熊猫—巨猿动物群的分布范围和个体数量逐渐地缩小并减少。随着全新世（距今 1 万年前）的来临，由于原始农业的出现和发展，人们砍伐树木、竹林以及开垦耕地，特别是狩猎，使大熊猫—巨猿动物群中的绝大部分成员走向灭绝，幸存者寥寥无几。

但是，近年来考古发掘中发现的犀、貘、象、大熊猫等化石表明，这些分子在中国境内的消失，或者说，它们从北纬 36 度缩小到今天赤道附近的所谓"印度—马来西亚动物群"，其年代并不遥远，仅仅几千年的光景。

再有，中国古代史书中，对猩猩、貘、犀、象等动物不仅有详细的出现地点和时间的记载，还有形态描述。如：

貘，公元前 400 年左右在今之四川、云南保山曾有发现，更近的记录是 1865 年，在湖北省的竹山县还有发现。但有关的记载是否属实，有待进一步证明。

犀，公元前 800 年左右在陕西凤翔县、甘肃张掖县、山西新绛县有发现记载。

象，1077 年，在福建漳浦县南 40 千米的地方曾有象群活动。

至于猩猩，公元前 400 年，在云南保山县、广东封开县、湖北房县均有其活动的记载。如罗意《尔雅翼》上说，猩猩如"妇人被（披）发"，"袒（露）足无膝"，"群行，遇人则手掩其形"，谓之"野人"。

以上史料，则进一步证实了大熊猫—巨猿动物群在中国境内的灭绝时间，比我们原来理解的更加推迟了。

现在的问题是，以上列举的犀、貘、猩猩，还有巨猿，是否在中国境内真的无影无踪了呢？这的确很值得探讨。

基本小知识

水　杉

水杉，落叶乔木，柏科水杉属唯一现存种，中国特产的孑遗珍贵树种，第一批列为中国国家一级保护植物的稀有种类，有植物王国"活化石"之称。

拿大熊猫来说，它出现在距今 200 万年前的早更新世，起初是带状分布，后来扩大成片状分布（此时从华南已扩大到了秦岭以北），最后在一些地区灭绝了，在一些地区保存了下来。现在，仅分布在中国四川省西北部及与甘肃、青海相邻的深山老林里。既然大熊猫能残存下来，那么与它同属一个群体的动物如巨猿，是否也同样，在中国现有的某些原始森林还有其活着的代表呢？从大熊猫—巨猿动物群的兴衰史中，这种例子是可以找到的，大熊猫不就是实证吗？

我们再举一个植物学上的例子，看一看这种可能性。

人们早已熟知的一种世界植物元老——水杉，它最早出现在 1 亿年前的中生代白垩纪。这类植物在世界上至今只发现了 11 种，原来，由于地壳的变迁，它们逐渐灭绝了，唯有中国境内的重庆市万州区和湖北省利川县这块特殊地带的水杉，却默默无闻地度过了漫长的岁月，残存到了今天，真是几经风霜，一枝独秀。当中国植物学家发现水杉时，被认为是 20 世纪轰动全球的植物学界的最大的发现之一。

从植物活化石——水杉发现的前前后后不难看出，既然植物能从 1 亿年前开始一直活到了今天，而且一直到 20 世纪才被人们所认识，那么在类似的地区，类似的环境中，像巨猿、猩猩之类的高等灵长类动物在那茫茫林海之中残存下来，也并非异想天开。

破解俄罗斯女野人之谜

蒙古西部和俄罗斯的高加索山，有可能存在一支独特的生物。高加索当地人管它叫阿玛斯提，蒙古人称它为阿玛斯。其他的外号包括森林人或野人。见过阿玛斯的人说，它像石器时代的人类，更甚于像猿。其实，许多人都推论亚洲的阿玛斯可能是尼安德特人的遗族。相信阿玛斯的人宣称有证据证明这种动物还活着，包括骨头、毛发和脚印。尼安德特人会不会有少数存活下来，还生活在蒙古和俄罗斯呢？

英国的神秘动物追寻者亚当·戴维斯希望找到一个活生生的阿玛斯。亚当的向导兼朋友毕尔盖将帮助他一起寻找。

在科布多，亚当和毕尔盖终于发现了线索，乌尔济是当地德高望重的猎人和牧者，他发誓自己曾经遇见阿玛斯。他带亚当和毕尔盖到他看见阿玛斯的地方。乌尔济说："它就像人一样站着，就是站立的人，站立了两三秒钟，它很快蹲下，然后就不见了。"

每个研究人员都知道，目击者的证词可能不可靠，他们需要的是有力的具体证据。俄罗斯学者伊戈尔·布赛夫相信地球上还有野人，他收集了许多样本，其中有一个头骨，传说是一个叫萨娜的女人的。按照当地传说和神秘动物学报告，萨娜可能是 19 世纪中叶出现的阿玛斯。

1850 年在俄罗斯南部，猎人在森林里遇见一个古怪的多毛女野人。他们用网子罩住她，拖回村子，当地人以对待野兽一样把她丢进了笼子里。

根据当地传说，萨娜对乡村生活的服饰缺乏兴趣，村民想给她穿衣服，但她很不情愿。他们给她煮吃的，但萨娜拒绝了，还是喜欢吃生食。长久下来，当地人想教她干些简单的活儿，但萨娜只能学会最基本的技能。

最后传说萨娜遇到了镇上的仰慕者，生下了几个孩子。奎特就是其中之一，伊戈尔相信萨娜可能是真正的尼安德特人遗族。奎特则是混血儿——尼安德特人和人类杂交的产物。

研究人员提取了萨娜和奎特的毛发和牙齿的 DNA，用计算机断层扫描技术检查。结果终于出来了：没有任何证据显示，尼安德特人和奎特有任何相似之处。至于萨娜，有人假设她是尼安德特人的遗族。但从这个计算机断层扫描的侧影，看不到任何证据证明萨娜是尼安德特人的遗族。

尽管萨娜的头骨可能是人类的，但她的下颚有点奇怪，这个女人相貌奇特。这里突出的地方和猿类似。到底是什么让萨娜的行为与相貌异于他人？

在19世纪，萨娜出生地一带的许多村庄受到呆小症的困扰，这可能是缺乏碘，或荷尔蒙不平衡所引起的。这种症状可能阻碍生理和智力的发展。但是按照当地的传说，萨娜尽管迟钝，但身形硕大。另一个可能的答案是多毛症。这种遗传病造成毛发过度生长。不过，大多数的多毛症通常不会让人全身长满毛发。但的确有一种多毛症会有这种症状。这种遗传病会使毛发蔓延全身，改变下颚和牙齿的外观。19世纪受这种症状困扰的人通常被称为狼人或猿人。

难道萨娜其实不是女野人，而只是出现了上述遗传病。只看头骨，研究人员只能做出大概的猜测："可能是某种遗传病使她面貌异常，智力低下。她可能不是山区的女野人，而是患有遗传病的人类。同胞先是排斥她，然后对她加以监禁和虐待。"

DNA检测还表明，萨娜确实可能是奎特的母亲，除了她的外形，没有地方类似尼安德特人。

神农架野人之谜

"野人"在某种程度上已经成了神农架的代名词，神农架因"野人"而扬名，"野人"因神农架而更神秘。

被定为世界四大自然之谜的"野人"，3000多年前就有了记载。神农架历代的地方志中，关于"野人"的记载不胜枚举。就目前有关部门收集到的资料表明，在神农架目击到"野人"的次数已达100多次，先后有370余人看到过145个"野人"。在鄂西北奇异动物科学考察期间，有4名考察队员在考察中两次看到过"野人"。

神农架林区

神农架林区地处湖北省西北部，为湖北省政府直接管辖的县级行政区，也是中国境内唯一作为县级行政区的林区。1970年经国务院批准分房县、兴山、巴东邻界区域置省辖"神农架林区"，以境内神农架山峰（如神农顶、大神农架等）得名。

人类起源之谜

在众多与"野人"遭遇的事件中，有两次是非常珍贵的。一次是1976年5月14日凌晨1时左右，一辆北京吉普车上坐着神农架的5位干部，他们是在十堰开完会后返回神农架的。司机蔡先志有着多年的驾车经验。当时汽车正在翻越海拔1700米的椿树垭。突然发现公路上有一动物迎着汽车低着头走来。蔡师傅加大油门，准备将这个动物撞死，相距仅几米时那动物迅速闪开，向山坡上爬去，由于山坡太陡，加之这个动物又太慌张，结果摔回了路面，它蹲在路上，前肢着地，扬起头，两眼盯着汽车。车上人下车从两边包围这个动物，双方相距只有一两米。但见此物一身红毛，是从来没见过的动物，大家未敢妄动，僵持了一会儿，他们向它扔了块石头，那动物才转身慢慢走去。

另一次是1993年9月3日，铁道部大桥局谷城桥梁厂一行8人途经燕子垭时，见到了3个"野人"。当时18点15分，在一个弯道处，开车的黄师傅突然发现前面约20米处有3个人正低着头迎车走来。这时3人中那个稍矮胖的抬起头盯了一眼汽车，黄师傅一惊，忙告诉车上其他人："前面有野人。"说着时，车已冲到距"野人"仅五六米处。这时走在左边的一个矮壮的"野人"用前肢推了右边两个"野人"一下，3个"野人"迅速冲下公路，钻进森林消失了。由于从发现"野人"到消失，前后仅1分钟，以致所携带的照相机、摄像机都忘了派上用场。

而最近一次见到"野人"是在2002年元月28日，晚上11点40分，神农架红坪镇副镇长邱虎、林业站站长付传金从板仓返回红坪途中，看见了一个身躯肥壮的"野人"。当时才下过雪，公路及周围一片雪白，车灯辉映下，光线很强，两人看得十分真切，"野人"浑身是灰黄色似枯草样的毛色，屁股很圆，没有尾巴。雪地上留下的脚印长约 40 厘米，宽约 15～17 厘米，似人的赤脚脚印。

我们不能否认目击者所见的事实，但是，许多疑点也不容忽视。

其一，没有发现野人种群。任何一种生物，特别是动物，只要存在，哪怕数量再少，必然会发现种群。如果野人真实存在，那么，它们必须要进行繁衍，至少有一定数量的种群存在。如果说野人属于进化不完全的灵长类动物，其生物状态应该是非常接近人类的，过度的近亲繁殖，都会使种群退化或消失，因此，就算是近亲繁殖，至少数量应该有几十个。但是，迄今为止，尚未发现任何种群存在，几乎所有的目击报告认为，发现野人的数量只有一个或几个。如果有种群存在，在一个区区 3200 多平方千米的范围里，是很容易就会发现的。况且，湖北地区组织过大规模地毯式的野外考察，不可能发现不了存在的种群。同时，许多声称目击野人存在的野人考察爱好者在长期考察中，同样也没有发现野人种群。由此推理，既然没有种群存在，野人也就失去了继续繁衍生存下去的条件。以种群来确定一个物种的存在，是判定生物存在的最大证据，而神农架的野人存在就无法给出充足的种群证据。

其二，缺乏野人存在的活体证据和尸骨证据。既然野人真实存在，那么，同任何动物一样，必然会找到野人存在的活体证据。事实上，目前还没有任何一个人发现过野人活体。野人死后，必然会留下人形遗骸，但是遗憾的是，同样也没有此类物证的发现。作为具有比猿类大脑发达的野人，既然懂得"遮羞"，那么，也应该知道群居的重要性，相对固定的巢穴或洞穴也是必需的，如果那样，发现活体也就不会困难。生不见"人"，死不见尸，让我们不得不怀疑野人存在的真实性。

其三，目前已知的证据不足以证明野人存在。从已经发现并保存提供研究的野人毛发、脚印、粪便、窝等实物来分析，有可能是这样的。毛发为其他动物的毛发，或者是一种未知动物的毛发。脚印很可能是熊类脚印踩踏留下的痕迹，或者是人类在潮湿的草地间走动时滑动的脚印，因而看上去比一般的人类真实脚印要大。大家都知道，山区人因为经常赤脚的缘故，脚趾形状较为开放，有的脚印大，是因为穿着草鞋的缘故，山区人还时兴穿草鞋。

至于粪便中含有植物和小型动物的成分，更有可能是猩猩留下的，很多猩猩除了食草外，也会偶尔捕捉小型动物为食。所谓野人的窝，也许根本就是其他灵长类动物的杰作。

其四，不排除野化人存在的可能。单体野人的发现，我们不妨大胆猜测为野化人。所谓野化人，就是人类因为某种原因而进入原始森林生活，最终成为"野人"。比如，有过命案的人因为恐惧（逃避打击）而逃到神农架原始森林中，逐渐适应了原始森林的生活。还有一些可能是当地的智障人偶然间进入森林，从而习惯了森林的生活。这些人经过长期与世隔绝的森林生活，食物、环境的改变，造成人体的部分变异，毛发变色、组织结构变异，身体结构部分退化，脚趾变大，光滑的皮肤上长出浓密的体毛，不敢与生人交流，抗击打能力增强，长期的森林生活而导致行动敏捷，等等。我们已知的许多家养动物也会发生野化现象，人类也有野化的可能。因此，可以大胆推测，目击者见到的大多是野化人，甚至有的根本是幻觉。

因此，如果要证明野人的确存在，就必须拿出足够的证据，可惜，没有人能够拿出证据来，当然，也没人敢说神农架一定就没有野人，这同样需要证据。

外星人与人类起源的关系

人类起源众说纷纭，究竟是自然进化的结果，还是外星人的实验成果？虽然倾向于自然进化的结果，但有些事结局往往意想不到，也许最意外的答案才是真正的谜底。

一些人深信，人类并不是起源于古猿的进化，而是与外星人有着千丝万缕的联系。有人甚至提出一种惊世骇俗的说法，认为人类是被外星人所创造并饲养的宠物。

他们觉得：地球上有如此丰富的生命形式，全是外星人创造的结果。很可能在地球形成后，一些外星人来到地球，进行生物研究实验。他们通过基因科学创造了大量的物种，并最终成功地创造出了人类。由于这些物种在很短的时间内被创造出来，因此才出现了寒武纪生命大爆发的异常现

人类起源之谜

怪异的外星人

象。至于外星人为什么要到地球创造生命，也许是把人作为宠物来饲养，又或是为了培养出供其食用的生物食品，就像我们今天饲养牛羊一样。在创造出人类后，外星人曾多次来地球观察，并抓走了一批人。但不知从何时起，外星人所在的家园发生了重大变故，也许是战争爆发，也许是疾病流行。总之，外星人无力再兼顾地球。

比起这种说法，另一种猜想显得更有想象力：人类是外星人的同胞。几万年前，太空中的外星人王国发生了惨烈的战争。最终，外星人中的一方战胜，战胜者在战争中俘获了大量战俘。为了禁锢这些来自不同星球、拥有不同肤色的战俘，胜利者将他们送到了地球，并用一种形同"场"且能够遗传的意念物质把战俘的智慧控制起来。战胜者的目的是让战俘永远愚昧，如同动物；并以这些战俘为诱饵，诱杀前来营救战俘的战败方。此后，胜利者们就放心地离去，让战俘与类人猿杂处，任其自生自灭。他们相信，这些战俘没有了智慧，就没有制造飞碟的知识，因此无论如何也离不开地球。这些战俘就是今天地球人的祖先。

战俘们被战胜者控制了意识，处在一种昏迷、沉睡及浑噩之中，而他们在太空的同胞自然不能坐视不理。他们潜入地球，竭尽所能，终于使地球人的意识得以复苏，但仍然无法解除战俘们身体里那近乎魔咒的意念物质。战俘们完全不知道自己是从哪里来的，把自己当成了地球上土生土长的原住民。

从无意识的黑暗世界苏醒，在有意识的光明世界里生活，地球战俘回忆起从前的沉睡生涯，似乎是一场噩梦，并对梦中那灰蒙蒙的痛苦经历记忆犹新，搞不清到底是真还是假。于是，他们就把那种无意识状态以神话传说的形式代代流传，成了今天世界各地关于混沌的传说。

外星同胞的努力没有白费，地球上幸存的战俘创造出的文明曾经达到一个相当高的水平，甚至超越现在。他们当时的发明物在今天被人们发掘了出来，例如史前的人造合金、铂的装饰品、人造心脏起搏器、精致的透境、变压器、太阳系模型碎片、不锈钢及合金属造的机械、工具等。这些东西如果按进化论解释，是根本不可能存在的。如果是在外星同胞的帮助下制造的，就自然说得通了。

相信地球人原是外星战俘这一说法的人们，不仅以史前文明遗迹做证据，还从世界各地的神话中挑选出了众多证明。

世界上各民族的神话传说中，都有神创造人类的传说，并描绘人类刚被创造出来时的感觉，无一例外不是处在朦朦胧胧、浑浑噩噩之中，没有意识，没有目的，没有希望，对外界事物视而不见，听而不闻，如同接受了深沉催眠一样。中国古代的《淮南子·精神训》对人类这种精神状态有十分形象的描述：

拓展阅读

潜意识

潜意识又称无意识，是在意识和无意识之下受到压抑的没有被意识到的心理活动，代表着人类更深层、更隐秘、更原始、更根本的心理能量。"潜意识"是人类一切行为的内驱力，它包括人的原始冲动和各种本能（主要是性本能）以及同本能有关的各种欲望。

"古未有天地之时，惟象无形；窈窈冥冥，芒芒漠闵；鸿蒙鸿洞，莫知其门。"这就是人们常说的混沌。混沌传说几乎遍及世界各民族早期神话之中。

古巴比伦人认为，宇宙初期，天地不分，万物都没有形成，到处是混沌的大水。古印度人认为，宇宙本是空洞无物的混沌状态，后来有物出现，混沌也逐渐成长为一个大鸡蛋，并一分为二，一半是金，一半是银，金的成为天空，银的成了大地。古希腊人相信：世界首先是混沌，其次是大地；由混沌中产生出黑暗和夜晚，又从夜晚里产生出天和日。澳大利亚的土著居民文化也有这样的传说，在世界混沌未开的时候，大地上一片寂静，完全被黑暗笼罩，但并不是没有生命，所有的生命都在沉睡。

根据地理考古可知，地球的年龄约有46亿年。按进化论的观点，人类的历史仅仅300万年。为什么世界上几乎所有民族都流传"混沌"的传说呢？

原始人怎么会知道地球形成之初的情形？若是想象，怎么会如此众口一词，并且混沌传说与造人之说紧密相连？

有人认为，原始人是纯朴的，原始社会的传说凭的是本能感觉，不可能有意夸大事实，甚至捏造事实以哗众取宠。所以，原始神话传说是最接近事实的历史，应该比几块化石还能说明问题。他们是把所见、所感记录在脑子里，流传开来。所以，神话中对事实的描述应该是较真实的，历史上极有可能发生过。当然，由于原始人的知识水平所限，他们不可能把超出理解能力的事物描述得恰如其分，因而只好采用比喻的说法。因此，他们就把前来帮助自己的外星同胞描写成了"神"。

所以，认为地球人来源于外星战俘的人认为：混沌传说绝不是指地球初成之时的情景，而是来自原始人曾经的感受。

持"地球人起源于外星战俘"理论的人，还以传说中神造人的过程证明自己的观点。神造人都是先有形体，然后才给形体注入精神。上帝造人就是用泥捏出形体后对形体吹了一口气，人才有了精神和意识。中国神话也有类似的表述。传说女娲等神造好了人的形体，然后给形体注入意识，人类才有了感觉。澳大利亚的神话则说，大神拜父梅造好人之后，又把自己的一部分精神注入到人体中去，人才有了灵魂。人类之所以创造出这样的神话，可能就是因为当时战俘们的智慧虽被封闭起来，但潜意识还是知道自己的形体早已存在，而后在意识复苏之际，就有了这些神话。

战俘们的太空同胞竭力使他们的意识复苏后，并向这些可怜的、未完全回复意识的战俘同胞传授了许多知识。世界所有民族的上古神话里，都记载人类有一段"黄金时期"，人民安居乐业，大地物产丰富，天地相通，人神友好相处，往来不绝，神还会帮助人类降怪除灾。

总之，不管是"地球人是外星人所创"的说法，还是"地球人起源于太空战俘"的说法，都认为地球人的出现与外星人有很大关系。尽管这两种说法多少有些虚无缥缈，但许多人仍认为这比进化论的说法更具可能性。

俄罗斯一位名叫弗拉德的数学家宣称，外星人曾经到达过地球，并且给人类文明留下了他们的历法和讯息。弗拉德还宣布，他得出这一结论并非偶然，而是多年搜寻查证的成果。他举例说，当埃及法老继承王位的时候，通常会发一个非常奇特的誓言：绝对不对历法做出丝毫的更改。弗拉德认为，这是当年外星人将历法传授给埃及人时提出的要求，埃及人也对此做了承诺，并在每位法老登基时都重申承诺，表示对外星人的诚信。

不仅是弗拉德这么认为，一些学者注意到，在世界各地的古老传奇和小说中，有一些同时出现的相似事件。他们认为，这些事件说明外星球的文明曾经在远古时代访问地球。

另有一位法国科学家在对世界各地的人类 DNA 和基因结构进行研究之后，得出了一个惊人的结论：大约 1000 年前，外星人曾经修改人类基因，并将一个重要的"基因信息包"植入其中，从而令人类智能显著提高。

如果人类真的由外星人创造，我们不得不考虑到，在千万年前甚至几十、几百万年前，外星人就拥有了比今天的人类社会还先进数万年的文明吗？这实在太不可思议了。外星人真的曾经到过地球，并造就了地球人吗？也许人类真的需要思考一下这种说法的可能性。

基于此，许多科学家开始了寻找人类祖先——外星人的行动。

早在 1960 年，美国天文学家德雷克就采用射电望远镜观测鲸鱼座，试图收到外星人发来的讯号。其中，鲸鱼座 T 星也称天仓五是一个类似太阳的恒星系统，距我们 11 光年，在许多方面都同太阳系相似。如果这个星系中的一颗行星上存在着技术水平同我们相仿的外星人，也许他们也正在向外发射无线电讯号以求与外部同类取得联系。正是因为这样合乎逻辑的推理，促使人们进行了被称之为"奥兹玛"的探索计划。然而，历时三个月时间，人们一无所获。

1974 年 11 月，美国阿雷西博天文台用大射电望远镜向武仙座星团发送了三分钟无线电讯号。这个讯号将在 24000 年后到达目的地。如果恰巧那里正好有文明生物，并且也有大射电望远镜，又恰好指向地球，他们也许就会收到我们的讯号。

就在这次无线电讯号发射前不久，美国先驱者 11、12 号飞船将两块特别的镀金铝盘送入太空。铝盘上刻有男女裸体人像、地球在银河系中的位置和有关太阳系的一些信息。后来，旅行者 1 号宇宙飞船又将含有人类信息的地球之音送向太空。这是一张有 115 幅照片和图表、近 60 种语言的问候语、35

人类起源之谜

种自然声音以及 27 首古典及现代音乐的光盘。科学家们希望这些带着我们资料的"邮件"有一天会到达外星人手中，使他们知道地球人的存在，设法同地球人联系。

尽管我们做了这些努力，但是我们还必须面对一个现实，那就是这种联系获得成功的可能性微乎其微。

射电望远镜

射电望远镜是主要接收天体射电波段辐射的望远镜。射电望远镜的外形差别很大，有固定在地面的单一口径的球面射电望远镜，有能够全方位转动的类似卫星接收天线的射电望远镜，有射电望远镜阵列，还有金属杆制成的射电望远镜。

地球生物的进化是一种极为缓慢的过程。35 亿年前，地球上出现了比较高级的单细胞生物——蓝绿藻类，而在这之前的 10 亿～15 亿年，太阳和地球就已经形成了。直到太阳系形成大约经过 50 亿年之后，地球上才出现了人类。可见，生命的繁衍、进化是非常缓慢的，宇宙中如果存在比地球更发达的文明，那也是非常稀少的。

生命的发展如此缓慢，生命的产生就更加难得。如果要使智慧生物能够诞生，恒星必须能在漫长的时间内稳定地发出光和热。恒星的寿命与质量的大小密切相关。大质量恒星的热核反应只能维持几百万年，根本不能满足生命进化所需要的时间。只有类似太阳质量的恒星才是合适的候选者。在银河系中，类似太阳的恒星大约有 1000 亿颗，其中单星大约有 400 亿颗。即使所有的单星都带有行星，行星与恒星的距离也必须恰到好处，不能太远，也不能太近。例如在太阳系八大行星中，就只有地球有生命，比地球稍远稍近的行星上都没有生命。

对一颗行星来说，能具有生命存在所必须满足的全部条件是极其罕见的。在上述 400 亿颗单星中，充其量也只有 100 万颗拥有具备使生命产生并进化到高级阶段的行星。而如果这 100 万颗行星上都有生命，进化的阶段也应该有高有低。我们可以这样假设：把 100 万颗行星上的生命分成文明比地球低的、同地球一样的、高于地球的三种，那么文明高于地球的大约就只有 33 万颗，算上和我们文明程度差不多的，也不过是 66 万颗。

就目前来看，无线电讯号是宇宙间不同文明建立联系的唯一可行办法。即使 66 万颗拥有高度文明的星球都向我们发射无线电讯号，或者我们向他们发射无线电讯号，想要收到这个讯号也要经过几千年。而不论哪一方收到信号后立即回复，对方也要再等上几千年。如此往返，近万年的时间就过去了。

互相联络如此不易，彼此实现访问更加困难。人类到现在为止，都没有亲自到达超过地月距离的其他星球，更不用说走出太

人类起源之谜

阳系了。所以，相当长的时期内，地球人是不可能通过自己的力量到达其他有外星人居住的星球的。那么，外星人来找我们是否可能呢？银河系内，文明程度可能比我们高的星球大约有 33 万颗。就算他们都有星际航行的能力，穿越数十亿甚至上百亿光年的距离也不是一件容易的事。所谓的宇宙空间虫洞理论毕竟只是假设，就算真的存在，这种虫洞能不能利用也尚不可知。就算能利用，文明也要达到相当高的水平，33 万颗星球的数量也要大打折扣了。更何况我们的地球不过是银河系 100 万颗有生命的星球之一，不是度假胜地，也并非银河仙境，外星人到地球来的几率何其小。

所以说，无论是我们找到外星人，还是被外星人找到，都是一件很不容易的事。就目前来讲，完全不可能，更不用说外星人跑到地球来创造人类了。

因此我们可以确定：在科学上，只有进化论这一个正确理论值得研究。其他的说法太虚无缥缈，可以说根本就没有可能性。